James Haughton Woods

Thomas Browns Kausationstheorie und ihr Einfluss auf seine

Psychologie

James Haughton Woods

Thomas Browns Kausationstheorie und ihr Einfluss auf seine Psychologie

ISBN/EAN: 9783743361119

Hergestellt in Europa, USA, Kanada, Australien, Japan

Cover: Foto ©berggeist007 / pixelio.de

Manufactured and distributed by brebook publishing software
(www.brebook.com)

James Haughton Woods

Thomas Browns Kausationstheorie und ihr Einfluss auf seine

Psychologie

THOMAS BROWN'S CAUSATIONSTHEORIE

UND

IHR EINFLUSS AUF SEINE PSYCHOLOGIE.

INAUGURAL-DISSERTATION

ZUR

ERLANGUNG DER DOCTORWÜRDE

DER

HOHEN PHILOSOPHISCHEN FACULTÄT

AN DER

KAISER-WILHELMS-UNIVERSITÄT STRASSBURG

VORGELEGT

VON

JAMES HAUGHTON WOODS.

LEIPZIG
JOHANNISGASSE 6
JOHANN AMBROSIUS BARTH (ARTHUR MEINER)
1897.

Genehmigt von der philosophischen Fakultät am 1. August 1896.

Druck von Metzger & Wittig in Leipzig.

MEINEM VATER

IN DANKBARKEIT UND VEREHRUNG.

Thomas Brown, der Schüler und spätere College von Dugald Stewart, wurde der Kritiker der Schottischen Schule. Seine Angriffe auf die Schottische Psychologie richten sich besonders wirksam gegen die Theorie von den Vermögen der Seele. Seine aussergewöhnliche Geschicklichkeit im Analysiren, seine medizinische Ausbildung und sein Studium der englischen Associationisten veranlassten ihn, eine ganze Reihe von neuen Gedanken über diese Theorie seiner Vorgänge zu veröffentlichen.

Nachdem er sorgfältig Hume's Lehre von Ursache und Wirkung studirt hatte, versuchte er der Causationstheorie eine neue Gestalt zu geben, und kam zu dem Ergebniss, dass die Methode, die man zur Erforschung physischer Phänomene anwendet, ebenso erfolgreich zum Studium der Seele benutzt werden könne. So gelangte er zu der Folgerung, die Existenz aller inaktiven oder latenten Kräfte zu leugnen.

Er hielt so gut als irgend einer seiner Vorgänger daran fest, dass nur auf Grund intuitiver Principien die Ueberzeugung von causalen Verhältnissen und von der persönlichen Identität gewonnen werden könne. Die Stellung, welche er in diesen Fragen zwischen Hume und Reid mit dessen Anhängern einnahm, fand in England und Amerika viele Anhänger und weite Verbreitung. Brown's Einfluss wurde immer grösser und verdrängte die anderen Ansichten bis zum Jahr 1835 oder 1840. Von diesem Zeitpunkt an begannen Coleridge und Hamilton seiner Lehre ihre Ansichten entgegenzustellen und sie theilweise zu verdrängen, indem sie meistens mit Argumenten vorgingen, die sie von deutschen Forschern entlehnt hatten. Immer aber bleibt es Brown's Verdienst, dass er der erste war, der in England die Theorie von den angeborenen Vermögen der Seele bekämpfte, und ein weiteres Verdienst ist es, dass er in seinem Kampfe so erfolgreich war, wie die Männer, die zu gleicher Zeit dieselbe Theorie in Deutschland angriffen.

Die natürliche Einleitung zu seiner Psychologie wäre demnach, dass man zunächst seine Causationstheorie und ihr Verhältniss zu der Lehre von Hume darlegte. Dann wäre an zweiter Stelle zu zeigen der Einfluss dieser seiner Theorie auf seine Psychologie und die Art und Weise der Untersuchung, zu der sie veranlasst. Und endlich wäre zu vergleichen die Art seiner Untersuchung und ihre Resultate mit der von Herbart und von Beneke.

I.

Brown's Causationstheorie.

Die Hauptsache der Theorie von dem Verhältniss zwischen Ursache und Wirkung scheint in folgender Definition enthalten zu sein:

„A cause is that which immediately precedes any change, and which, existing at any time in similar circumstances, has been always, and will be always, immediately followed by a similar change." (p. 17).

Eine einfache Umkehrung der Ausdrücke ergiebt die Definition von Wirkung.

Was „Kraft" (power) genannt wird, ist ganz einfach ein abstracter und rascher Ausdruck für dieses Verhältniss einer unveränderlichen Priorität. Für die Wörter „Eigenthümlichkeit" (property) und „Eigenschaft" (quality) kann man genau dieselbe Definition gebrauchen. Die Kräfte, die Eigenthümlichkeiten und die Eigenschaften einer Substanz sollte man nicht ansehen als etwas, das von dem andern verschieden wäre oder etwas zu ihm hinzufügte; sie sind weiter nichts als die Substanz selbst betrachtet im Verhältniss zu den Wandlungen, denen sie sich unter besonderen Umständen unterzieht. Mit anderen Worten:

„We give the name of cause to the object which we believe to be the invariable antecedent of a particular change; we give the name of effect, reciprocally to that invariable consequent; and the relation itself, when considered abstractly, we denominate power in the object that is the invariable antecedent, — susceptibility in the object that exhibits, in its change, the invariable consequent." (p. 16.)

Brown versucht, diese Behauptungen dadurch zu beweisen, dass er nacheinander die Phänomene (Erscheinungen) der materiellen, intellectuellen und göttlichen Welt prüft. Aber bevor wir ihm in diese Untersuchungen folgen, wäre es vielleicht gut, den Grundgedanken, welcher, mit Recht oder Unrecht, nun einmal als Grundlage seines Systems dient, in sein volles Licht zu setzen und im Voraus schon einige Einwände zu besprechen, die etwa dagegen gemacht werden könnten.

Die Einwände gegen Brown's Definition der Causalität scheinen hauptsächlich in zwei Richtungen zu liegen: Dass sie nämlich erstens unvollständig und zweitens zu allgemein wäre.

Ist es wahr, dass es in der Aufeinanderfolge der Erscheinungen nur zeitlich Vorhergehendes und Folgendes giebt? Giebt es dabei nur eine einfache Reihe von Vorgängen, die immer dieselben sind? Giebt es da keine Wirksamkeit, keine productive Kraft? Enthalten die Substanzen keine Kraft, die immer immanent bleibt und sich nicht ändert, wenn auch Ursache und Erfahrung wechseln?

Die andere mögliche Einwendung wäre die, dass die Definition von Ursache zu allgemein sei. Denn giebt es nicht oft Unveränderlichkeiten in der Aufeinanderfolge auch ohne ursächliches Verhältniss oder ohne Kraft?

„There is not," sagt Reid, [1]) „a phenomenon which succeeds itself with more regularity, since the beginning of the world, than day and night, yet one does not suppose that the one is the cause of the other."

In diesem Fall hätten wir also unveränderliche Folge ohne ursächliche Kraft, und die Definition Brown's würde zu allgemein sein.

Die Erwiderung auf diesen letzten Einwand ist, wenigstens implicite, gerade in den Worten der Definition enthalten, wo es heisst, dass die Ursache nicht bloss das unveränderlich Vorausgehende, sondern auch das „unmittelbar" Vorhergehende sei.

Es ist klar, dass diese Worte meinen, dass die Ursache nicht immer das ist, was *anscheinend* einem Wechsel unmittelbar vorangeht, sondern das, was in *Wirklichkeit* unmittelbar voraufgeht. Die Antwort auf Reid's Einwand würde dann im Sinne Brown's die sein, dass das dem Wechsel von Tag

---

1) Reid, Active Powers, Essay 1, chapter 3, p. 519.

und Nacht wirklich Vorausgehende die Stellung der Erde im
Verhältniss zur Sonne ist, d. h. die gemeinsame Ursache
von beiden.

Die Erwiderung auf den ersten Einwand hat Brown
selbst ausführlich gegeben. Man wirft ihm vor, dass er die
ursächliche Kraft leugne; nach ihm aber ist die Ursache nicht
ein einfach Vorhergehendes, sondern das unveränderlich und
stets Vorhergehende. Der Glaube, dass ein Ereigniss unab-
änderlich einem anderen voraufgehe, das ist zugestandener-
massen alles, was man von Ursache wissen kann. Wenn es
wirklich einen Unterschied giebt zwischen der populären Ansicht und der von Brown, so besteht er lediglich darin, dass
er vorsichtigerweise das nicht bestimmt ausspricht, was man
nicht bestimmt wissen kann, und was physisch auch nicht existirt.
Seine Gegner verlegen sich einfach auf vage Vermuthungen
und verlieren sich in unnütze Grübeleien über „Kräfte“.

Das erläutert folgendes Beispiel.

Nehmen wir zwei Metalle: Ein Stück Eisen und einen
Magnet. Auf den blossen Anblick hin sind sie von gleicher
Farbe; der Hand bieten sie den gleichen Widerstand.
Hebt man sie in die Höhe, sind sie beide gleich schwer.
Nähert man sie beide einander, so ziehen sie sich an. In all
diesem, der Farbe, dem Gewicht, der Undurchdringlichkeit und
der gegenseitigen Anziehung findet Brown nur zwei Substanzen,
ausserdem aber nichts, das, unter gewissen Umständen und
in Beziehung untereinander gesetzt, allgemein und immer von
gewissen Veränderungen gefolgt sein würde.

Der Gegner Brown's dagegen findet in verschiedener
Hinsicht noch etwas mehr als zwei Substanzen. Ausser dem
Eisen und dem Magnet, und zwar in dem Innern ihrer festen
Bestandtheile, giebt es gewisse Kräfte, unterschieden und doch
beständig mit einander verbunden, sei es, dass sie thätig sind
oder dass sie ruhen. Sollte man wohl glauben, dass sie behaupten
möchten, es sei kein Unterschied zwischen der Farbe beispielshalber und der gegenseitigen Anziehung der zwei Körper?
Ist es denn nicht augenscheinlich, dass sie verschiedene Kräfte
haben müssen, um so verschiedene Wirkungen hervorbringen
zu können?

Brown giebt sicher zu, dass es zwischen den beiden

hervorgebrachten Wirkungen einen Unterschied giebt; aber
er giebt nicht zu, dass darin verschiedene Kräfte seien, vermittelst deren eines von dem andern angezogen wäre oder
nach der Erde sich neige, oder dem Druck widerstehe oder
auf das Auge einen Einfluss ausübe. Seine Ansicht ist viel-
mehr:

Die Kraft, von der man annimmt, dass sie vermittle,
gleichsam ein festes Band zwischen Vorhergehendem und
Folgendem, erklärt diesen Zusammenhang nicht, sondern verdoppelt noch die Schwierigkeiten und macht die Beziehung
zwischen Ursache und Wirkung noch geheimnissvoller, als sie
so ist.

„If the substances A. B. C. in a sequence of phenomena are not
themselves all that exist in there sequences, but that there is also the
power of A to produce a change in B, which must be distinguished
from A and B, and the power of B to produce a change in C, which
must be in like manner distinguished from both B and C; is it not evi-
dent, that what is not A, nor B, nor C, must be of itself a new portion
of the sequence? X, for example, may have a place between B and C.
But, by this supposed interposition of something which is not A, B,
nor C, we have only enlarged the number of sequences, and have not
produced any thing different from parts of a sequence, antecedent and
consequent in a certain uniform order. — The substances that exist in a
train of phenomena, are still, and must always be, the whole constituents
of the train. But B is, by supposition, no longer the immediate consequence of A; it is the consequent of X, a new antecedent interposed,
which is itself a consequent of the presence of A. Instead of the order
A, B, C, there is now the wider order A, X, B, Y, C; but there is still
only a series of existing things; whether the number of these, and the
consequent order of changes that take place, be greater or less" (p. 28).

Nach Brown giebt uns also die Prüfung der Erscheinungen
nicht mehr an die Hand, als was er in seiner Definition festgelegt hat. Physisch betrachtet giebt es nichts als Vorgang
und Folge, und nur in unserem Denken tritt dazu die Ueberzeugung, dass die Folge immer die gleiche sei, wie schon in
der Vergangenheit, und dass sie immer ebenso eintreten werde
in der Zukunft.

Indem er mit der Untersuchung seelischer Erscheinungen
beginnt, prüft Brown der Reihe nach all' die Veränderungen,
die ihre Vorgänge in einer früheren Gemüthsverfassung haben,
und die sich entweder im Körper oder in der Seele selbst

finden. Indem man die Reflexbewegungen des Körpers inbetracht zieht, wie sie rascher oder langsamer unter dem Einfluss von Gemüthsbewegungen zu Tage treten, so z. B. das
Erröthen oder das Weinen, sucht er zu zeigen, dass diese
Phänomene, obwohl seelisch auf der einen Seite und physisch
auf der anderen, doch eine ähnliche Zeitfolge darstellen wie
die rein physischen Phänomene.

Indem er dann übergeht zu den willkürlichen Bewegungen,
so giebt er zu, dass das Vorhergehende, dessen wir uns bewusst sind, von verschiedener Art ist, aber er leugnet jeden
Unterschied, soweit die Beziehung zu der Folge inbetracht
kommt. Das Vorausgehende kann verschieden sein, da es ja
eine freiwillige Modification der Seele ist, die beinahe immer
in andere Elemente zerlegt werden kann, wie z. B. der Gedanke von etwas Gutem und der Wunsch, es zu haben, und
manchmal das Vertrauen, es zu erhalten. Aber die Beziehung
zwischen Ursache und Wirkung bleibt immer dieselbe.

Schliesslich behandelt B r o w n die rein intellectuellen
Phänomene; indem er prüft, was in der Seele vorgeht 1. wenn
Gedanke „selbsthätig" auf Gedanke folgt, und 2. wenn man
die verschiedenen Modificationen den Anordnungen des Willens
unterworfen sein lässt, so kommt er bei beidem zu demselben
Resultate. Er findet nur die einfache Aufeinanderfolge von
Phänomenen, eines nach dem anderen. die Abwechselung
zwischen Vorhergehendem und Nachfolgendem. Der einzige
Unterschied dabei ist, dass die Aufeinanderfolge jetzt psychisch
ist. Trotzdem aber brauchen wir nicht etwa zu glauben, dass
zwischen den beiden Theilen der Zeitfolge ein engeres oder
unveränderlicheres Band bestehe als das zwischen Phänomenen
der materiellen Welt. Sogar die Vermittelung des Willens
ändert an dem Resultat absolut nichts.

Wenn die Definition von Ursache sich wirklich als zu-
verlässig erweist für die Phänomene sowohl der materiellen
als auch intellectuellen Welt, so bleibt nur noch zu zeigen
übrig, dass man sie eben so gut anwenden kann auf die
Thätigkeit desjenigen Wesens, das die Quelle aller Macht ist.
um den Beweis zu vollenden, dass sie allgemein gültig ist.
Lässt sich die Definition auch anwenden in Bezug auf die

Thätigkeit Gottes gegenüber der Welt? Brown meint darüber:

„Since every conception which we are physically capable of forming of the nature of the Deity, is drawn from the phenomena which are more immediately present to our observations, and chiefly from the analogy of our own mind, — his goodness as conceived by us, being only a transcendent degree of that goodness of which we are internally conscious; and the notion of his designing power, as manifested in the beautiful order of the universe, being the result only of an influence from that order which we ourselves produce, — it seems scarcely possible that our conception of power, as applied to the Supreme Being, should be altogether different from our conception of it, as applied to his creatures, by the contemplation of whose successive changes alone we are capable of rising to the contemplation of that mightier change, in which every thing that is not eternal had its origin" (p. 100).

So soll sich zeigen, dass die Anwendung des Causalbegriffes auch auf das göttliche Wesen nur nach Analogie der uns aus dem Seelenleben bekannten Vorgänge möglich sei, und dass diese letzteren schliesslich auch der Art nach nicht von den physischen Causalverhältnissen verschieden sind: damit will Brown als Inhalt der Causationsvorstellung nur das zeitliche Merkmal der stetigen unmittelbaren Aufeinanderfolge übrig behalten.

Es ist die Absicht Brown's, dass das Verhältniss zwischen Ursache und Wirkung rein an und für sich, d. h. nach ihm rein physisch und abgesehen von uns selbst zu betrachten und keine anderen Elemente darin zu finden, als die, welche wirklich gegeben sind, und zu zeigen, dass für unsere Auffassung in dem Causalitätsverhältniss nichts gegeben ist als das Vorhergehende und das Folgende, und zwar beides verknüpft durch eine unabänderliche Aufeinanderfolge. Wenn man annimmt, dass in der Folge der Phänomene sich noch eine Kraft findet, die von der Voraussetzung verschieden ist, so verwickelt man sich, wie Brown meint, in Trugschlüsse. Nähme man beispielshalber im Feuer zwei Kräfte an, eine, die bäckt, und eine andere, die schmilzt, oder man taucht beide Hände ins Wasser, das für die eine Hand kalt, für die andere warm ist, so müsste man nothwendigerweise zugeben, dass die gleiche Substanz zwei unterschiedene und einander entgegengesetzte Kräfte besässe. Um die gegenseitige Beeinflussung der materiellen und intellectuellen Welt zu erklären sähe man sich gezwungen, zum Occassionalismus seine Zuflucht zu nehmen oder zur prästabilirten Harmonie, oder man müsste Mittelglieder einschieben, was aber die Schwierigkeit nur um einen Schritt weiter zurückschiebt und die Zahl der Voraussetzungen verdoppelt.

Brown will zeigen, dass, wenn man seine Untersuchung über das Verhältniss von Ursache und Wirkung auf das thatsächlich Gegebene beschränkt, man dadurch die Analyse bekannter Phänomene bis zu einem klaren Ergebniss durchführen und das Problem von der geheimnissvollen Dunkelheit, mit der die früheren Philosophen es umgaben, befreien kann.

Wenn er aber die gleiche empirische Methode auch auf die Untersuchung des Verhältnisses zwischen Gott und Welt ausdehnt, so vergass er, zwei Einwände zu erwägen, die man dagegen machen könnte.

Wenn man das Verhältniss zwischen Gott und der Welt untersucht und beschränkt sich dabei auf die Untersuchung bekannter Folgen, so schliesst das noch nicht die ganze causale Thätigkeit ein; denn die Endursache der Folge kann auch ein Willensact sein, der erst erkennbar wird, wenn die Phänomene am Ende der causalen Folge zusammengetroffen sind. Der Einfluss des Willens auf die Bildung einer Erkenntniss ist analog. Der Wunsch, das Merkmal eines causalen Verhältnisses zu erfassen, veranlasst oft die Folgen, welche der eigentlichen Auffassung vorausgehen. Mit anderen Worten: Es giebt ein Agens, das auf die Folgen einwirkt, ohne selbst ihr vorauszugehen.

Ausserdem unterscheidet Brown nicht zwischen dem Causationsbegriff und dem Princip der Causalität. Während man einen wahrnehmbaren Wechsel, sei er äusserlich oder innerlich, beobachtet, muss die Seele eine Wirkung erkennen und muss nothwendigerweise an ein Causationsverhältniss glauben. Dies ist der Causationsbegriff. Aber die Seele geht einen Schritt weiter. Sie ist zwar unfähig, für einen bestimmten Fall sich eine unbegrenzte Aufeinanderfolge causaler Verhältnisse wirklich vorzustellen. Aber ausser der bestimmten Ursache und der ganzen möglichen Reihe von Ursachen kennt die Seele noch einen fundamentalen Grundsatz, der für alles Existirende gilt: Dies ist der Grundsatz der Causalität.[1]

---

1) Sigwart, Logik, 2. p. 133—136.

Hier haben wir dann zwei Begriffe in einem ätiologischen Gedanken: den einen, gegeben durch die Erfahrung, den Causationsbegriff. Den andern, ein Postultat der Seele, das verlangt, dass für jede Erscheinung eine Ursache zu finden sein und dass schliesslich die Mannigfaltigkeit der Causalreihen einen einheitlichen Zusammenhang haben müsse, daraus ergiebt sich der Begriff der End- oder ersten Ursache.

Brown erwähnt diesen Grundsatz überhaupt nicht.

Das Resultat ist, dass es nach Brown überhaupt keinen Unterschied zwischen physischen und wirkenden Ursachen giebt. Es giebt nur eine wirkliche Ursache: nämlich das Ereigniss, welches einem anderen voraufgeht. Eine genaue Prüfung von Phänomenen bietet immer nur eine Beziehung zwischen Ursache und Wirkung: Unmittelbares Vorhergehen und unveränderliche Darauffolge. Dies sind die Bestandtheile des Ursachebegriffs. Der Irrthum freilich, dass noch mehr dabei mitwirke, ist weit verbreitet auch bei Philosophen. Woher kommt es wohl, dass man sich allgemein dieser Täuschung hingiebt?

Brown findet die Ursache dieser Illusion in dreierlei: 1. In den abstracten und leicht missverständlichen Formen der Sprache; 2. in der Natur des Subjects; 3. in den unzureichenden menschlichen Sinnen.

1. Der nothwendige Gebrauch von Metaphern veranlasst zum Gebrauch von Ausdrücken, die, obwohl von ihrem Erfinder in richtigem Sinne gebraucht, nach und nach von der populären Auffassung zu wörtlich verstanden werden. So spricht jemand ursprünglich von Verknüpfung oder Verbindung und meint damit das Band, das die Ereignisse verbindet, und ein anderer nimmt schliesslich diese bildlichen Ausdrücke wörtlich, ohne zu bedenken, dass, wenn man diese angeblichen Mittelglieder als wirkliche auffasst, man einfach einer eingebildeten Schwierigkeit von einem bekannten zu einem anderen, unbekannten Object nachfolgt, während man die Unveränderlichkeit der Aufeinanderfolge zwischen dem neuen, hypothetischen Vorausgehenden (Ursache) und seiner Folge so unerklärt lässt als je.

Dieselbe verkehrte Neigung wird begünstigt durch den Gebrauch von gewissen grammaticalischen Constructionen:

„We speak continually of the powers *of* a substance, or of substances that *have* certain powers, — of the figure *of* a body, or of bodies

that have a certain figure, — in the same manner as we are accustomed
to speak of the birds of the air, of the fish of a river, of a park that
has a large stock of deer, or of a town that has a multitude of in-
habitants; we gradually learn to consider the power *of* a substance or
the power which the substance *possesses*, as something different from the
substance itself, inherent in it, indeed, but inherent as something that
may yet subsist separately" (p. 158).

Eine zweite Quelle von Irrthümern bildet die Schwierigkeit des Subjects:

Warum glauben wohl, beispielshalber, Philosophen sowohl
als Durchschnittsmenschen, dass die bewirkende Ursache immer
constant sei, und dass sie, selbst wenn sie nicht thätig ist,
trotzdem als latenter Zustand in dem Object verbleibe? Der
Grund ist entweder eine oberflächliche Analyse, oder sie ist in
dem enthalten, was Brown ausführt:

„What is permanent, in our imagination of objects, may be very
far from being permanent, in the objects themselves which are imagined
by us. — In the intervals of what is termed exertion, there is truly, as
I have said, no power, if the meaning of that word be accurately considered" (p. 163).

Es giebt keine Tendenz zum Wechseln und keinen Wechsel
ausser unter gewissen Umständen. Wo keine Veränderung
ist, da giebt es auch keine Kraft, die ja weiter nichts dar-
stellt als einen anderen Ausdruck für Vorhergehendes, das
sich ändert. Es sei denn, dass gewisse Umstände dabei mit-
spielen, die eine Aenderung bedingen, bleibt die Substanz
immer ohne Kräfte. Aber während der Zwischenzeit zwischen
dem Eintreten solcher Umstände sind wir gewöhnt, zuversicht-
lich die Wiederkehr von Wechsel zu erwarten, und diese un-
unterbrochene Erwartung der Wiederkehr dieser erforderlichen
Umstände übertragen wir vermittelst unserer Phantasie als
eine immer wirkende Kraft auf die Substanz selbst. Aber
eben so gut können wir diese Zwischenzeit zwischen den Veränderungen als eine Periode von latenten Ursachen und Folgen
ansehen wie als eine Periode latenter Kraft.

Es giebt überhaupt keine Latenticität (Verborgensein) in
diesen Zwischenzeiten. Ein „latenter Zustand" ist ein wider-
sprechender Ausdruck. Wir sprechen niemals von der latenten
Schmelzbarkeit kalten Stahls. Aber, wenn die Umstände dabei
mitwirken, dass eine genügende Hitze da ist und dass man

das Metall in diese Hitze eintaucht, so tritt ein Wechsel ein. Die Beziehungen zwischen Hitze und Stahl sind nicht die Eigenschaften des Schmelzens, ausser unter gewissen Bedingungen. Und so giebt es auch keine Kraft der Flüssigkeit oder Schmelzbarkeit ausser unter gewissen Umständen.

Derselbe Fehler bei der Unterscheidung von Umständen, durch deren Mithülfe Substanzen sich verändern, im Gegensatz zu anderen Umständen, die keine Veränderung hervorrufen, verursacht einen anderen Fehler: Wir legen einer ganzen Gruppe von Phänomenen Kraft bei, die man höchstens nur einem Theil dieser Gruppe zulegen sollte: Die Ausdrücke „Leben", „Frost", „Vegetation" zum Beispiel drücken bloss einen mannigfachen Atomenwechsel aus. Und doch gebrauchen wir sie oft so, als ob sie bloss nach einer Seite die Beziehungen von Atomen änderten. Ebenso sagen wir auch, dass ein Mann die Kraft habe, seinen Arm zu bewegen. Wir sollten diese Kraft beschränken auf ein gewisses bedingtes Zusammenwirken von Muskeln und Nerven und sie nicht den Menschen als Ganzes beilegen. In Folge dieses Missbrauchs von Gedanken und Sprache reden wir von der andauernden Existenz einer Kraft, und zwar unter Verhältnissen, wo sie schon längst nicht mehr existirt. Sie existirt nur unter dem Verhältniss von Ursache und Folge. Wo das nicht zutrifft, da ist auch keine Kraft. Denn es giebt: „no power, which is not exerted". Was man aber Ausübung der Kraft nennt, ist lediglich ein anderer Ausdruck, um anzudeuten, dass die gegebenen Umstände vorhanden sind, vermittelst deren ein Causalverhältniss eintritt.

Die dritte Quelle des Irrthums hinsichtlich der natürlichen Beschaffenheit einer „Kraft" beruht auf der Unzulänglichkeit unserer Sinne.

Unsere Sinne geben uns nicht die Möglichkeit an die Hand, uns eine genaue Kenntniss all' der Bestandtheile und natürlichen Beschaffenheit der Körper zu erwerben. Sehr viele innerliche Umwandlungen entziehen sich unserer Kenntniss. Deshalb täuschen wir uns leicht, indem wir da etwas Verborgenes vermuthen, das uns unbekannte Veränderungen zu erklären vermöchte, wenn wir unsere Analyse weit genug ausdehnen könnten.

Bei den meisten uns vertrauten Phänomenen haben wir die Erfahrung gemacht, dass zwischen zwei Ereignissen, die wir uns in unmittelbarer Beziehung zu einander stehend dachten, oft sich eine lange Reihe von Zwischenereignissen einschiebt.

Deshalb fühlen wir uns zu dem Glauben veranlasst, dass es in der Reihe von Veränderungen immer auch ein unbekanntes Element giebt, und die Ursache dafür suchen wir in dieser unerforschten Kraft. Wir erkennen nur Theile der Folge, und die Wirkung verlegen wir in die Theile, die unbekannt sind.

Auf diese Weise wird der Glaube an die Existenz geheimnissvoller, verborgener Kräfte oft veranlasst durch unsere mangelhaft ausgebildeten Organe der sinnlichen Wahrnehmung.

Brown geht dann über zur Erörterung über den Ursprung des Glaubens (belief) an die Realität des Causalbegriffs, und zwar zeigt er zunächst, dass das Verhältniss zwischen Ursache und Wirkung nicht a priori gefunden werden kann, dass es so oder so immer von der Erfahrung abhängig ist. Dies war die Grundlage, auf welcher Bacon seine inductive Logik aufbaute, aber Hume war es dann, der diesen Lehrsatz zum ersten Mal deutlich aussprach und begründete.

Der zweite Lehrsatz Brown's ist, dass selbst auf Grund von Erfahrung das Causalverhältniss nicht durch logische Operationen (reasoning) begründet werden kann.

Dieser Lehrsatz, festgelegt durch Hume, wurde als wahr für alle physischen Wissenschaften anerkannt mit einer einzigen wichtigen Einschränkung: Es wurde festgehalten, dass man auch ohne Erfahrung sicher all' das, was von der Trägheit des Stoffes, der Composition der Kräfte und den statischen Gesetzen abhängig ist, voraussagen könne.

Brown erkennt diesen Einwurf nicht an, wenigstens nicht so weit, als er das Gesetz der Beharrlichkeit betrifft, indem er zeigt, dass nicht nothwendigerweise bei einem Zustandswechsel oder einer Unterbrechung der Beharrung eines sich bewegenden Körpers, auch seine Schnelligkeit müsste aufgehoben oder verringert werden. Sie kann sich im Gegentheil vergrössern. Und Vernunft ohne Erfahrung kann das Gegentheil davon nicht beweisen. Wir wissen, dass dies der Fall ist bei Körpern, die zur Erde fallen. Wir wissen ferner aus Erfahrung, dass es nicht bei allen Impulsen wirklich so ist. Wäre aber unsere Erfahrung anders gewesen, so würde natürlich auch unsere physische Voraussicht betreffs des zu Erwartenden sich verschieden gestaltet haben. Das Beharren der Richtung kann mit genau ebenso wenig Aussicht auf Erfolg bewiesen werden, als Beharren der Schnelligkeit; denn ohne eine vollständige Kenntniss all' der physischen Einwirkungen der Dinge ist es uns unmöglich zu sagen, welche Einflüsse zureichen oder nicht zureichen, um einen Körper eher in diese als in eine andere Richtung zu lenken. Der ablenkende Einfluss mag durch Substanzen hervorgerufen werden, denen wir niemals einen solchen Einfluss zugetraut hätten.

Hinsichtlich der Zusammensetzung von Kräften sind wir auch auf die Erfahrung angewiesen. Kommt zu zwei Körpern ein dritter hinzu, so mag dieser Umstand die vorher beobachtete Thätigkeit zweier Körper entweder völlig aufheben oder doch wesentlich ändern.

Solche Fälle als eine Zusammensetzung von Kräften zu bezeichnen, ist eine petitio principii; sie nimmt als ausgemacht an, dass die Kräfte unverändert bleiben, obwohl die Lage der Körper verschieden sein mag. Was wir sicher behaupten können ist nur das, dass sich Körper begegnen, welche, wenn sie unter anderen Umständen sich vereinigten, andere Kräfte besassen. Aber das Zusammentreffen von Körpern ist etwas ganz anderes, als die behauptete Composition von Kräften; vielleicht ist es ganz Sache der Erfahrung, zu entscheiden, ob es unter den neuen obwaltenden Verhältnissen auch Kräfte giebt und von welcher Beschaffenheit sie sind.

Der Beweis für die Gleichgewichtsgesetze ist unzureichend, da der Beweis für die Gleichförmigkeit und Einheit der Naturgesetze, wie man sie annimmt, für unsere Kraft unmöglich ist.

Nachdem bewiesen ist, dass wir den Begriff „Ursache" weder der sinnlichen Wahrnehmung noch unserem Verstande verdanken, so verweist uns Brown auf die „Anschauung", welche nach ihm die dritte und letzte Quelle unserer Begriffe ist. Hier trennt er sich von Hume, der seinen Begriff der Kraft von Gewohnheit und Association ableitet.

Worauf könnte eine Induction der Kräfte und Eigenschaften des Stoffes begründet werden? Möglicherweise auf die Erscheinungsform der Körper; wollte man aber von diesem

Worte ausgehen, das einfach eine Abkürzung für gewisse Veränderungen ist, die man schon beobachtet hat, so würde man in einen Cirkelschluss gerathen. Ohne Erfahrung giebt es keine Kenntniss natürlicher Phänomene und ebenso wenig eine Kenntniss der seelischen Ereignisse.

„Wherever knowledge is concerned it follows the same laws whether the prediction be of matter or of mind. That the desire of moving his arm will be followed by its motion, is not known to the babe, till he have experience of the sequence; and is believed by the paralytic, till his experience be reversed by new trials. — The pleasure, which the contemplation of works of intellectual excellence inspires, has never entered into the imagination of the illitera. The passions of love, ambition, avarice are *felt* by the lover, the hero, the miser; by others, if the passions have never formed a part of their own consciousness, their nature is *learned* from observation or description, in the same manner as we acquire our knowledge oft the serpents and tigers of the East. It is by experience alone we know, that the sight of wretchedness, which causes in our breast no emotion, will melt others into pity, that almost equals in sorrow the grief which it deplores; as it is by experience alone, we know that a flame, which kindles ether, would have been quenched in water" (p. 218—219).

Nur die Erfahrung allein giebt uns Auskunft über die Vergangenheit. Sie allein aber ist nicht hinreichend, den Ursprung des Causalbegriffes zu erklären, der ja Vergangenheit, Gegenwart und Zukunft einschliesst. Ist es vielleicht doch nicht etwa der Verstand, dem wir den Begriff verdanken?

Es ist klar, dass es die Reflexion nicht sein kann, die uns den Begriff „Kraft" giebt.

„He who affirms that A has always been followed by B, asserts, more, than he who merely affirms that A has always been followed by B" (p. 224). „The past fact, and the future fact are not inclusive, the one of the other; and as little is the proposition which affirms the one, inclusive of the proposition which affirms the other. There is no logical absurdity, in supposing, that the one proposition might be true, and the other not true" (p. 225). „When we say that B will follow A tomorrow, because A was followed by B today, we do not prone that the future will resemble the past. We have only to ask ourselves, why we believe this similarity of sequence; and our very inability of stating any ground of inference may convince us, that the belief, which it is impossible for us not to feel, is the result of some other principle than reasoning."

Dies letzte Princip des Glaubens (belief) an die Realität des Causalverhältnisses nach Brown nennt sich „Intuition" (p. 313).

Wir „glauben" an Gleichförmigkeit nicht etwa, weil wir sie beweisen können, sondern weil wir an sie zu glauben gezwungen sind. Dieser Glaube ist Punkt für Punkt intuitiv (beruht auf Anschauung), und Anschauung bedarf keines Beweises, sondern sie ist schnell und unwiderstehlich wie die Wahrnehmung selbst.

Hier unterwirft Brown die Hume'sche Theorie einer Prüfung und zwar sucht er zuerst zu beweisen, dass Hume mit Unrecht den Begriff von „Kraft" oder nothwendiger Verknüpfung auf die Gewohnheit übertrug; dann vertheidigt er Hume gegen die Angriffe derjenigen, die seinen Gedanken falsch verstehen und ihm vorwerfen, dass er die Existenz eines Causalbegriffes in der menschlichen Seele überhaupt leugnet.

Die Philosophie ist nach Brown's Ansicht Hume zum Dank verpflichtet für drei Sätze, die er zum ersten Mal klar behauptet hat:

1. Dass das Verhältniss zwischen Ursache und Wirkung a priori nicht entdeckt werden kann;

2. dass sogar nach der Erfahrung es nicht das Resultat von Reflexion ist;

3. dass es lediglich ein Object unmittelbaren Glaubens (belief) ist.

Zu diesen drei Sätzen fügte Hume noch zwei hinzu. Er behauptete nämlich:

4. Wir glaubten nicht an ein Verhältniss von Ursache und Wirkung zwischen zwei Objecten, ausgenommen da, wo ihre gewöhnliche Verbindung uns ausdrücklich bekannt ist;

5. meint er, dass die Seele, nachdem sie öfters die Aufeinanderfolge zweier Facta beobachtet hat, leicht von dem Begriff des einen zu dem des anderen übergeht, und dass dieses von uns gefühlte Band, dieser leichte Uebergang, der die Phantasie von dem vorausgehenden Object zu dem gewöhnlich nachfolgenden hinüberleitet, das einzige Gefühl, der einzige Eindruck ist, nach dem wir unseren Begriff von „Kraft" oder „nothwendiger Verknüpfung" bilden (p. 349).

Diese beiden letzten Zusätze, 4. und 5., werden von Brown bekämpft.

Bei der Untersuchung der ersten dieser zwei Thesen versucht er folgendes zu beweisen.

a) Dass diese angebliche Association in der Seele zwischen den Begriffen „Ursache und Wirkung“, obwohl vielleicht in Uebereinstimmung mit der berühmten Theorie der Eindrücke und Ideen, in directem Widerspruch steht mit all' den Thatsachen, mit denen Hume sie gewöhnlich zu erklären und zu rechtfertigen sucht.

b) Dass die dauernde Verbindung von Phänomenen, weit davon entfernt als condicio sine qua non in dem Causalitätsglauben betrachtet zu werden, im Gegentheil gewöhnlich die Wirkung hat, dass sie die natürliche Neigung der Seele, überall da eine nothwendige Verknüpfung anzunehmen, wo es sich nur um eine zufällige Verbindung handelt, eher vermindert, anstatt sie zu vermehren.

c) Endlich, dass schon ein einfaches Beispiel von Aufeinanderfolge unsere Seele veranlasst, unwiderstehlich an ein Causationsverhältniss zu glauben.

Im einzelnen nehmen sich diese drei Einwendungen folgendermaassen aus:

a) Hume hielt sich deshalb für verpflichtet, unseren Glauben an das Verhältniss zwischen Ursache und Wirkung auf gewöhnliche „Verbindung“ zu beschränken, weil, wie er nach Brown (Theil IV, Abschnitt 3 der Untersuchung) bezüglich unseres Begriffs von Kraft fälschlicherweise annahm, man, wenn man das Gefühl als eine Idee einreihen wollte, sie von früheren Eindrücken ableiten müsste. Wenn man betreffs der Idee im Zweifel sein sollte, so bezeugt es Hume selbst, dass es so gemeint ist, indem er untersucht, von welchem Eindruck sie abgeleitet werden müsste. Aber er hat durchaus nicht etwa die Absicht, den Ausdruck „*Eindruck*“ (perception) auf unsere äusseren, sinnlichen Wahrnehmungen oder Auffassungen zu beschränken; und gerade deshalb, weil er darin ebenso auch manche innere Gefühle inbegriffen sein lässt, die doch nur indirect von diesen äusseren Sinnesaffectionen abhängen, so lässt er wirklich gerade die Schwierigkeit, welche er lösen will, ungelöst und überträgt bloss auf das Wort „Eindruck“ die Unbestimmtheit, die sonst, wie man vermuthen könnte, mehr und besonders an dem Wort „Idee“ hinge. Brown's Behauptung ist, dass der Glaube an Kraft nicht eine Idee ist, oder bloss ein schwacher Abdruck eines früheren Gefühls. Es ist in der That ein Gefühl, ebenso sehr wirkliches Original als irgend ein anderes von unseren Gefühlen. Und wir haben genau ebenso wenig Ursache, einen Eindruck zu suchen auf den wir es zurückführen, als wir Ursache haben einen Eindruck zu suchen, durch den wir unsere Liebe, unseren Hass, oder unsere Sehnsucht oder Willen erklären, welche, obwohl sie unter Umständen ebenso wie unser Glauben an „Kraft" von früheren Gefühlen abzuleiten sind, von Hume dennoch nicht für Ideen, sondern für Eindrücke gehalten werden. Hume's Unterscheidung zwischen Eindrücken und Ideen lässt uns genau auf demselben Punkt, wo sie uns fand; denn sie giebt uns gar keine Anhaltspunkte dafür an die Hand, wie man sich darüber klar werden könnte, was ursprüngliche Gefühle sind und was nicht, und darnach dann auf ein früheres Gefühl zurückgeführt werden kann oder nicht. Denn wenn alle unsere Gefühle entweder ursprünglich oder abgeleitet sind, und wenn die grössere Zahl unserer unsprünglichen Gefühle bei weitem lebhafter sind als die überwiegende Zahl der abgeleiteten, so folgt daraus noch lange nicht, dass das unterscheidende Merkmal jedes ursprünglichen Gefühles darin bestehe, dass es lebhafter und stärker sei als jedes secundäre Gefühl. Es giebt auch ursprüngliche Gefühle, die schwach sind. Unsere Begriffe von Gleichheit, Unterschied und Verhältnissmässigkeit sind beispielsweise keine Abdrücke früherer Empfindungen; es sind neue Gefühle, die beim Anblick gewisser Gestalten in uns aufsteigen. Und trotzdem sind sie nicht so stark als unsere Auffassung der Formen selbst, besonders wenn diese schön sind.

Diese Beziehungsbegriffe müssen aber trotzdem Eindrücke sein. Wenn wir als ausgemacht ansehen und zwar ohne Beweis, dass der Begriff „Kraft" der Abdruck irgend eines anderen Gefühls sein muss, so mögen wir uns in der That damit abmühen, um herauszufinden, von welchem Gefühl es der Abdruck ist. Anstatt nun aber nach einem Eindruck zu suchen, hätten wir erst bedenken sollen, ob es überhaupt nothwendig ist, nach einem solchen zu suchen. Es kommt nur wenig darauf an, ob wir unserem Gefühl von Kraft die Bezeichnung „Eindruck" oder „Idee" beilegen. Es handelt sich bloss darum, ob wir nach einer anderen Perception dafür überhaupt zu forschen haben und unter welchen Umständen es sich in uns findet.

Nach Brown's Ansicht ist es eben so klar, dass wir an eine allgemeine Aufeinanderfolge in natürlichen Ereignissen glauben, als dass wir fähig sind, die Ereignisse selbst wahrzunehmen. Und so weit wir rückwärts die Spur dieses Glaubens verfolgen können, immer finden wir, dass er stets unsere Wahrnehmung irgend eines Wechsels begleitet.

b) Nach dieser Darlegung prüft Brown die Beweiskraft von Hume's Theorie, dass der Glaube an „Kraft" in der Seele sich nicht nach einzelnen Beobachtungen von Wechsel, sondern nur nach häufigen Erfahrungen in der Seele vorfindet. So weit als unser Gedächtniss zurückgeht, ist nach Brown's Behauptung kein Beweis für einen einzigen Augenblick, dass man die Ereignisse als völlig zusammenhanglos oder rein zufällig betrachte, sondern es lässt sich mit grösster Wahrscheinlichkeit nachweisen, dass die Ereignisse immer dieselben sind, so oft die Umstände, die mitwirken, die gleichen sind. Hume behauptet freilich, dass es keinen einzigen Wechsel gebe, der nicht des Einflusses einer häufigen Wiederholung bedürfte, um ihn mit dem Character einer unveränderlichen Beziehung auszustatten. Es würde den Anschein haben, als wäre es Hume's Pflicht, wenigstens einen Fall zufälliger Aufeinanderfolge zu citiren und zwar ohne den begleitenden Begriff der Kraft, welche sich ja nach seiner Behauptung nur infolge der öfteren, gewohnheitsmässigen Beobachtung derselbe Phänomene unter denselben Umständen ergiebt, wenn seine Theorie nicht auf ein Vorurtheil gegründet sein soll.

Aber selbst wenn er einen solchen Fall angeführt hätte, so könnte er uns trotzdem keine Erklärung des unbekannten Naturlaufes bieten, der uns nun einmal umgiebt und von unseren Gedanken nicht abhängt. Die längste Beobachtung kann uns nur sagen, welche Wechsel in den Phänomenen vor sich gegangen sind, die uns vertraut sind. Der Glaube an „Kraft" dagegen ist der Glauben an Veränderungen, die erst eintreten sollen, wenn wir vielleicht nicht mehr leben, um sie zu beobachten, und an Veränderungen, die einst vor sich gingen, als es vielleicht keinen menschlichen Zeugen dabei gab. Warum soll die Zukunft der Vergangenheit entsprechen?

Wenn wir irgend einen Grund für unseren Glauben an diese Aehnlichkeit geben können, so brauchen wir keine Gewohnheit, uns davon zu überzeugen. Es ist vergebens, an die Gewohnheit zu appelliren, die ja doch nur ein Theil gerade dieser Vergangenheit ist. (Theil IV, Abschnitt 3.)

Der Erfahrung bedarf es nicht, um uns unseren Glauben an „Kraft" zu beschaffen. Sie führt uns nicht dazu, dass wir die Phänomene als die Wirkung einer oder mehrerer Ursachen ansehen. Sie ermöglicht uns bloss die einzelne Ursache in einem Complex, der aus vermischter Aufeinanderfolge von Ereignissen besteht, herauszufinden. Wir sind geneigt, die Uebereinstimmung der Aufeinanderfolge demjenigen zuzuschreiben, was wir in unmittelbarer Aufeinanderfolge begriffen finden. Durch Erfahrung mögen wir lernen, dass Ereignisse nicht immer beständig von den Folgen begleitet sind, die wir anfänglich erwarteten. Ein Chemiker nimmt an, dass das Produkt zweier bis jetzt noch nicht verbundener Substanzen das Resultat der Mischung ist. Hegt er Zweifel daran, so thut er es nur, weil er fürchtet, dass irgend ein unbekanntes Element zu den zwei Substanzen hinzugekommen sein möchte. Denn er weiss aus Erfahrung, dass fremde Elemente in seine Experimente eindringen können. Wenn er aber sicher ist, dass die Umstände so sind, wie sie seinem Wunsche entsprechend sein sollten, so genügt ein Experiment, um ihn zu überzeugen, dass beide Substanzen und ihre Verbindung in einem Causalverhältniss zu einander stehen.

Im alltäglichen Leben entsteht der Glaube an das beständige Aufeinanderfolgen auf Grund der Beobachtung des Wechsels.

Unsicherheit entsteht bloss infolge der grossen Anzahl und Masse der Folgen. Läge nur eine einzige vor, so gäbe es sicherlich keinen Zweifel betreffs des Glaubens an Kraft. Die Schwierigkeit besteht darin, ein gegebenes Ereigniss in seine richtige Folge einzureihen.

c) Trotz mancher Fehler fahren wir ohne Zaudern fort in einfachen Folgen das Vorhergehende und Nachfolgende als Ursache und Wirkung zu betrachten.

Der erste Bienenstich wird als die Ursache von Schmerz betrachtet, ohne dass es nothwendig wäre, den Versuch zu

wiederholen. Das einfache, intuitive Urtheil. das unter den
betreffenden Umständen sich in der Seele des Patienten bildet,
führt unvermeidlich und unwiderstehlich den Glauben an Kraft
bei sich.

Das Resultat, zu dem Brown endlich kommt, ist, dass
die Erfahrung gewohnheitsmässiger Aufeinanderfolge nicht
nothwendig ist für den Glauben an die künftige Aehnlichkeit
der Folgen. Wo es dann noch Ungewissheit giebt, so wird
sie nur verursacht von einem Zusammenströmmen vieler Erscheinungen. Erfahrung schliesst die fremden Umstände aus
und setzt uns in den Stand, die speciellen Vorgänge mit ihren
speciellen Folgen zu bestimmen.

Die zweite Behauptung Hume's, der Brown entgegentritt, ist die, dass, wenn man zwei Objekte öfters in Aufeinanderfolge beobachtet hat, die Seele leicht von der *Idee*
des einen zu der des andern übergeht. Von dieser Neigung
des Hinüberschweifens und von der grösseren Lebhaftigkeit
der Idee, die sich so bereitwilliger aufdrängt, erhebt sich der
Glaube an das Causalverhältniss zwischen ihnen. Der Uebergang in der Seele selbst soll der Eindruck sein, von dem die
Idee der nothwendigen Verknüpfung der Objekte als Ursache
und Wirkung abgeleitet wird. (Theil IV. Abschnitt 4.)

Brown's Opposition richtet sich zunächst gegen Hume's
Definition von Glauben (belief). Brown stellt in Abrede, dass
in jedem Fall von „Glauben" unsere Auffassungen von
Objekten, die wir als wirklich betrachten, lebhafter, lebendiger.
zwingender, fester und anhaltender wären, als wenn wir den
Gegenstand als nur scheinbar existirend in uns aufnehmen;
ferner, dass diese überlegene Lebendigkeit der Auffassung
allein den Glauben selbst bilde. Ist unsere Auffassung des
historischen Arminius weniger lebhaft oder weniger dauernd
denn unsere Auffassung von Othello? Ist nicht unser Glauben
an die Eigenschaften eines Polygons von tausend Seiten so
sicher. dass jede gegensätzliche Behauptung absurd scheinen
würde, und dabei doch weniger lebhaft als unsere Vorstellung
von irgend einem märchenhaften Ungeheuer? Hume sah
augenscheinlich diesen Einwurf voraus. Er giebt zu, dass wir
uns die Vorstellung eines menschlichen Hauptes machen
können, das mit einem Pferdekörper verbunden ist; aber wir

können uns nicht zu dem Glauben zwingen, dass solch' ein Geschöpf je existirte. Aber Brown besteht darauf, er sollte auch zugeben, dass unsere Vorstellung des Centauren durchaus nicht weniger lebhaft ist als in manchen anderen Fällen, wo wir ohne den geringsten Zweifel glauben.

„Glauben" ist also etwas ganz anderes als eine lebendige und feste Vorstellung von irgend einem Gegenstand. Brown nimmt an, dass es ein Gefühl ist, welches mehr mit den Beziehungen der Dinge zusammenhängt, als mit den Dingen selbst.

Die Frage, ob eine gegebene Vorstellung wirklich ist, entsteht völlig getrennt von der Vorstellung selbst. Es ist ein neuer Act der Seele. „Glauben" oder das Gefühl, dass etwas in unserem Bewusstsein Gegenwärtiges wirklich ist, kann in uns entstehen nicht bloss auf Grund der Lebhaftigkeit, sondern weil die Vorstellung in harmonischer Beziehung ist mit Vorstellungen, die wir bereits glauben.

Ob Brown noch einen Schritt weiter gehen und die Behauptung hinzufügen würde, dass jeder Gegenstand im Bewusstsein, der unwidersprochen bleibt, als wirklich geglaubt werden muss, hat er nicht gesagt.

Der einzige Punkt, den er noch klarlegt, ist: dass die einfache Regel, wonach die lebendigen und dauernden Vorstellungen als wirklich geglaubt werden sollen, oft durchbrochen wird infolge der verschiedenen Beziehungen, die durch die mannigfaltigen Vorstellungen miteinander eingegangen werden. Gegenstände der Wahrnehmung sind in der Regel für unsere Vorstellung lebendiger als ausgedachte, aber die letzteren können uns als wirklicher erscheinen, wenn sie eng mit Vorstellungen verknüpft sind, die keinem Zweifel unterliegen.

Jedenfalls will Brown nicht zugeben, dass die durch ihre Lebhaftigkeit bevorzugten sinnlichen Eindrücke allein die Gewähr für die Realität ihres Gegenstandes bieten oder dass nur durch ihr Zeugniss auch die Realität geistiger Zustände erhärtet werde. An diesem Punkte corrigirt er Hume durch das Princip der Schotten.

Hume beruft sich auf die Wahrscheinlichkeitstheorie, nach der wir unsere Wahrnehmungen deuten, mit deren Ueberein-

stimmung wir wahrnehmen und zwar vermöge der Wiederholung eines Ereignisses, sodass die Chancen auf einer Seite
sind, und behauptet, dass diese Theorie die Idee aufhellt und
ihr immer mehr Lebhaftigkeit mittheilt, bis es schliesslich im
Glauben endet. Brown hält dem entgegen, dass eine grosse
Zahl von Beobachtungen uns keine grössere Sicherheit des
Glaubens giebt, als eine kleine Zahl, abgesehen von dem Fall
natürlich, wo wir so wie so sicher sind, dass das Ergebniss
zu Gunsten des Glaubens entscheidet. In jeder Berechnung
der Aussichten giebt es in einem gegebenen Fall weiter nichts
als den Vorzug von mehr oder weniger und dieser Umstand
hängt nicht mit der Lebhaftigkeit der Ideen zusammen.

Diese Behandlung von Hume's Theorie des Glaubens
bringt die Erörterung zu der besonderen Anwendung der
Theorie auf die Form des Glaubens, die Hume Causalität
nennt. Brown behauptet, es sei etwas anderes nöthig als
Lebhaftigkeit der Idee, um einer öfters beobachteten Folge
von Erscheinungen den Glauben zu verschaffen, dass es eine
causale Folge sei. Sonst möchte man ja alle durch Association
vermittelten Ideenfolgen für causale Folgen ansehen.

Der Uebergang von dem Eindruck eines Gegenstandes zu
dem eines anderen ist beispielsweise so leicht und ebenso
lebhaft im Fall der Aehnlichkeit, wie in dem der Causalität.
Und trotzdem glaubt niemand, dass es ein causales Verhältniss
giebt zwischen einem guten Portrait und dem Gesicht der
Person, die so ähnlich gemalt worden ist. Ebenso aber kann
die Idee, welche durch Aehnlichkeit reproducirt wird, nicht
als weniger bestimmt und unveränderlich oder weniger genau
angesehen werden als die Ideen, die durch das Causalverhältniss verursacht werden.

Der Glaube an eine zukünftige unveränderliche Folge ist
keine Copie vergangener Erfahrung, sondern eine „Annahme"
(assumption). Die Idee von „Kraft" ist mehr als Erwartung.
Sie entsteht unwiderstehlich als ein letztes Factum des Bewusstseins. Jeder Versuch, sie zu erklären, ist unnöthig.
Brown nennt diese allgemeine und unwiderstehliche Function
der Seele eine Intuition (Anschauung).

II.

Einfluss der Brown'schen Causaltheorie auf seine Psychologie.

Um den Einfluss von Brown's Causaltheorie auf seine Psychologie zu bestimmen, ist es erforderlich, zunächst seine Methode darzulegen.

Nach Brown's Ansicht giebt es drei Quellen unserer Erkenntniss (Wissens): Erfahrung, Intuition und logisches Denken (reasoning). (Lection XIII.)

Die Erfahrung lehrt uns innere und äussere Vorgänge kennen.

Die Intuition giebt uns die ersten Wahrheiten. Sie ist allgemein, unmittelbar und unwiderstehlich.

Aus dem Material, das Erfahrung und Intuition uns liefert, zieht das Denken seine Folgen, die so wahr sind wie die Principien, von denen sie abgeleitet sind.

Bei dieser dritten Erkenntnissquelle hat Brown, wie der Zusammenhang lehrt, nur deductive Schlüsse im Sinne, und es ist ein Mangel seiner allgemeinen Theorie, dass er die Induction nicht zu ihrem Recht kommen lässt, dass er die Wahrscheinlichkeit nicht ebenso gut anführt wie die Gewissheit und dass er es überhaupt nicht versucht, zwischen sicherem Beweis und Wahrscheinlichkeit einen Unterschied zu statuiren.

Dieser Mangel in der theoretischen Behandlung wird in der praktischen wieder ausgeglichen. Intuition unterrichtet nicht bloss betreffs der Gegenwart, sondern auch betreffs der Zukunft. Er spricht von einer

„tendency in the very constitution of our mind"

das Zukünftige vorweg zu nehmen, und er besteht darauf, diese Neigung Intuition zu nennen, aber es scheint mehr das zu sein, was gewöhnlich Induction oder Analogie genannt wird. — Was ist danach also die Aufgabe, welche Brown in seinen psychologischen Studien sich vorsetzt? Welches sind die Grenzen, die er für die menschliche Seele annimmt?

Er hat durchaus nicht die Absicht, tiefer in die Natur der Substanzen mit seiner Untersuchung einzudringen. In Wirklichkeit beginnt er mit der Behauptung, dass all unser Wissen betreffs der Substanzen auf die Phänomene beschränkt ist, die deren Existenz zu erkennen geben. und dass folglich das, was man bei dem Studium der Seele zu unternehmen beberechtigt ist, in der Analyse und Classificirung der verschiedenenen Zustände besteht. Philosophie nimmt also hier die gleiche Aufgabe in Angriff wie die physischen Wissenschaften: die Beobachtung der Phänomene, betrachtet in ihrem Verhältniss von Aehnlichkeit und Verschiedenheit und in der Reihe ihrer Aufeinanderfolge. Brown geht so weit, dass er sagt, dass Psychologie bloss ein Theil der Naturwissenschaft sei und und den grösseren Theil davon bestimmt er für das, was er „Physiologie der Seele" nennt.

Was stellt sich denn aber der Naturforscher für eine Aufgabe? Sie besteht nach Brown in einem Doppelten, in der Kenntniss der Zusammensetzung der Körper und in dem Studium der verschiedenen Wechsel, vermittelst deren sie sowohl als Ursachen als auch als Wirkungen erscheinen.

So weit also das Ziel; und wie erreicht man es?

Durch die Beobachtung, welche die Thatsachen entdeckt und beschreibt; durch Induction, die die Gesetze offenbart; und durch Intuition, welche für die Beständigkeit und Regelmässigkeit der Gesetze bürgt. Auf diese Weise gelangt man zur Kenntniss der Materie, und zwar so weit, als sie in Raum und Zeit existirt. Weiter zu streben hiesse Schattenbildern nachjagen.

Das ist nach der Ansicht Brown's die naturwissenschaftliche Methode. Seine Behauptung geht nun dahin, dass die gleiche Methode für das Studium der Seele angewandt werden kann und soll. (Lection X.)

Hier ist offenbar der Einfluss seiner Theorie der Causalität von zweifelhaftem Werthe für die Psychologie. Die seelischen Phänomene können freilich, soweit sie direct aufeinanderfolgen, als Vorhergehendes und Nachfolgendes eingetheilt werden, ebenso gut wie die physischen.

Da die Seele aber ein untheilbares Etwas ist, wie Brown nachdrücklich behauptet, so muss man zugeben, dass man zu weit gehen könnte, wenn man zur Analyse zweier so verschiedener Objecte dieselbe Methode anwendet. Brown wird auch beinahe zum Selbstwiderspruch gezwungen, wenn er auf der einen Seite die Untheilbarkeit des denkenden Subjectes aufrecht erhalten will und zu gleicher Zeit die Behauptung vertritt, dass eine Substanz nicht zu gleicher Zeit in zwei verschiedenen Verfassungen bestehen kann.

Das illustrirende Beispiel, das Brown wählt, ist die Analyse der Auffassung der Zahl Vier. Er zerlegt die Vorstellung in vier verschiedene Momente, welche die äusserlich sichtbare Gesammtheit bilden (complexity). Aber kann man denn zugeben, dass ein Zahlbegriff bloss aus einer schnellen Folge von ebensoviel Ideen besteht, als Einheiten in der Zahl enthalten sind?

Giebt es denn nicht eine Gesammtvorstellung, die als eigene Function zu den übrigen hinzukommen muss?

Für den Fall der Zahl Vier findet Brown bloss vier Ideen und vier seelische Zustände. Giebt es aber nicht fünf? Bildet nicht die Gewissheit, dass das Bewusstsein viermal in derselben Weise afficirt worden ist, die Gesammtvorstellung, und ist das nicht eine von dem Vorhergehenden völlig verschiedene Function?

In der Zerlegung einer physischen Substanz mag die Analyse bis zu den einfachen Elementen gehen. Aber in der seelischen Analyse kann da etwa auch Jemand die Function der Seele von dem Subject oder dem Agens des Denkens trennen?

Ein Element des Seelenlebens kann Bewusstseinsinhalt werden ausschliesslich in irgendwelchen Beziehungen, und dies sind eben diejenigen, in welchen es zu dem Bewusstsein steht, das es in seine Gedanken aufnimmt. Aber in Bezug auf eben diese Verhältnisse zu der Seele als Ganzem kennen wir es nur so weit, als es unter den geistigen Phänomenen einen bestimmten Platz einnimmt. Eine Analyse, welche versucht, Objecte und Abstractionen der Phänomene jedes für sich zu bestimmen, ist unmöglich. Eine richtige Analyse muss sowohl die dauernden Beziehungen berücksichtigen, unter welche Phänomene fallen, als auch sämmtliche Umstände, die der Untersuchung eines gegebenen Falles voraufgehen und folgen.

Neben der Analyse schliesst Brown's Methode die Beobachtung der verschiedenen Formen des Wechsels der Phänomene ein, welche als Ursache und Wirkung sich darstellen.

„All which we know of the mind", he says (Lecture XII), „is a certain series of states or feelings that have succeeded each other, more or less rapidly, since life began."

Er stellt es in Abrede, dass die seelischen Kräfte etwas anderes seien als die in gewisser Weise umgeformte Substanz selbst.

Wir haben eine natürliche Neigung, unseren Empfindungen abgesonderte Existenz beizulegen, ebenso auch den Gedanken und vor allem auch unseren Fähigkeiten und Kräften. Um diese Neigung zu bekämpfen, entwickelt Brown den Grundsatz, dass unsere Empfindungen (Perceptionen), Wahrnehmungen, Gedanken, Gefühle, mit einem Wort alle unsere intellectuellen Functionen von der Seele selbst nicht verschieden, sondern in Wirklichkeit die Seele selbst, die sich auf verschiedene Weise bethätigt, und dass die Kräfte oder geistigen Vermögen weiter nichts sind als die Seele selbst, die ihre Art zu existiren ändert, wozu entweder gewisse äussere Veränderungen den Anlass bieten, oder wobei sie einem inneren Vorgange folgt, der in ihr selbst existirt (Lection XII).

Brown's Methode kann man dahin zusammenfassen: Er unternimmt es, die Phänomene allein zu studiren.

Er betrachtet sie als seelische Zustände, er studirt sie in all den Umständen, welche sie begleiten, ihnen vorausgehen und ihnen folgen. Er führt sie zurück auf intuitive Prinzipien, über welche hinaus man ihnen nicht mehr folgen kann, um sie zu analysiren und zu classificiren entsprechend den Methoden, welche der Naturforscher zur Erforschung der physichen Welt anwendet. Dies sind nach Brown die alleinigen Aufgaben und Grenzen psychologischer Forschung. Zur Veranschaulichung der Art, wie er diese Methode ausführte, beschränken wir uns in Folgendem auf diejenigen Theile der Psychologie, welche es mit den theoretischen Seelenfunctionen zu thun haben.

1) Allgemeine Bestimmungen.

a) Die Classification intellectueller Phänomene.

Ausgehend von dem Grundsatz, dass geistige Phänomene nichts weiter sind als verschiedene Zustände der Seele selbst und dass der einzige Gegenstand der Philosophie der ist, sie zu analysiren und methodisch zu ordnen, macht Brown folgende Eintheilung:

Die Zustände (affections) der Seele erscheinen uns ge-
kennzeichnet durch ein Merkmal, das dieselben physisch unterscheidet: einige folgen auf die Einwirkung äusserer Körper,
andere auf eine spontane Modification der Seele selbst.

Dieser Unterschied psychophysischer und rein psychischer
Functionen, den voraufgehende Umstände ausmachen, dient
ihm als Grundlage für seine Einleitung.

Er theilt die „intellectuellen" Phänomene, d. h. die seelischen
Zustände im Allgemeinen in zwei grosse Theile: Aeussere
Afficirungen der Seele und innere Afficirungen der Seele.

Bei dem ersten Theil ergiebt sich eine leichte und einfache Untereintheilung nach den sinnlichen Organen.

Den zweiten kann man in zwei Untertheile zerlegen:
Die intellectuellen Zustände (im engeren Sinne des Worts: Vorstellungen) und die Emotionen.

Es genügt nach Brown diese Classificirung zu vergleichen
mit denen, die früher gang und gäbe waren, um zu sehen, dass
alle früheren Einwendungen gegen sie nicht vorgebracht werden
können. Sie schliesst alle Phänomene ein und ruht auf einer
Unterscheidung, die in der Natur der Dinge begründet ist,
während andere Classificirungen, wie z. B. die, welche die
Phänomene unterordnen unter Verstand und Willen, oder
unter die intellectuellen und activen Kräfte, an dem Fehler
leiden, dass sie eine ganze Anzahl von Thatsachen ausser
Acht lassen oder dass sie keinen wirklichen Unterschied
machen zwischen dem, was sie doch in unterschiedene Klassen
eintheilen wollen.

Und nicht nur in dieser Hinsicht unterscheidet sich
Brown von Reid, sondern auch nach einer weit wichtigeren
Seite, in Bezug auf die Art und Weise, wie er seelische
Phänomene im Allgemeinen betrachtet, oder, mit einem Wort,
hinsichtlich des „Bewusstseins".

b) Bewusstsein.

Brown geht aus von dem Gegensatze der Meinungen
betreffs dieses Gegenstandes. Descartes und Locke betrachten das „Bewusstsein" nicht als eine besondere Kraft,
sondern als die allgemeine Form alles seelischen Lebens; Reid
und Stewart auf der anderen Seite betrachten es als eine

specielle Kraft. Nach der Ansicht der letzteren ist das Bewusstsein verschieden von den anderen seelischen Kräften und zwar in demselben Grade, als sie untereinander sich unterscheiden, und die Gegenstände seiner Thätigkeit sind alle Vorgänge in der Seele.

Nach der ersten Gruppe und im Gegensatz zu den letzteren, behauptet Brown, dass „Bewusstsein" bloss ein allgemeiner Begriff sei, der den Inbegriff aller verschiedenen Zustände der Seele in sich fasse. Er ist der Ansicht, dass die Seele nicht in zwei Zuständen zu gleicher Zeit bestehen kann.

„Ich bin mir einer ‘besonderen Affection bewusst," heisst einfach „ich fühle mich in einer gewissen Weise afficirt," oder „meine Seele befindet sich jetzt in diesem Zustand." Die Meinung Reid's, welche er bekämpft, hält er für veranlasst durch eine Verwirrung der Gedanken oder auch der Worte.

„Sensation is not the object of consciousness different from itself, but a particular sensation is the consciousness of the moment" (Lecture XI).

Bewusstsein ist aber zugleich auch das Gefühl unserer persönlichen Identität, uns mitgetheilt durch das Gedächtniss und verstärkt durch den Gebrauch der Fürwörter „Ich" und „mich". In einem Worte: Es giebt keinen anderen Inhalt der Seele als den Wechsel ihrer Zustände. Darnach giebt es auch keinen Unterschied zwischen den Begriffen „Selbst", „Bewusstsein" und „Gedächtniss", ausgenommen, dass in dem ersten Falle die Reflexion auf das denkende Subject selbst angewandt ist, in dem zweiten Fall dagegen auf eine seiner gegenwärtigen und in dem dritten auf eine seiner vergangenen Modificationen. Brown erklärt:

„Consciousness is no distinct power of the mind, or name of a distinct class of feelings, but is only a general term for all our feelings, of whatever species these may be, — sensations, thoughts, desires; — in short, all those states or affections of mind, in which the phenomena of mind consist; and when it expresses more than this, it is only the resemblance of some former state of mind, and a feeling of the relation of the past and the present as states of one sentient substance. The term is very conveniently used for the purpose of abbreviation, when we speak of the whole variety of our feelings, in the same manner as any other general term is used, to express briefly the multitude of individuals that agree in possessing some common property" (Lecture XI).

Nach der Ansicht Reid's hat das Bewusstsein als „innerer Sinn" das zum Object, was in der Seele vor sich geht. Seine Rolle besteht also in dem Verdoppeln der seelischen Vorgänge. Bevor diese behauptete Kraft eingreift, giebt es entweder gar keine Kenntniss oder es existirt schon. Denn, würde Brown hinzufügen, in dem ersten Fall ist das Zeugniss des Bewusstseins nicht erbracht; in dem zweiten Falle aber, was kann es da nützen? Weit davon entfernt, das Phänomen des Wissens zu erklären, setzt es das Bewusstsein schon voraus und könnte ohne es nicht bestehen.

1. Die äusseren Zustände der Seele.

Unter äusseren Zuständen versteht Brown alle derartigen Existenzweisen der Seele, die ihre gelegenheitliche Ursache in irgend einer Modification der sinnlichen Organe haben. Unter diesem Ausdruck begreift er somit nicht nur die Empfindungen, welche man auf die Thätigkeit der fünf Sinne zurückführt, Geschmack. Geruch, Gehör, Gesicht und Getast, sondern auch alle die, die ihre erste Entstehung innerhalb des Organismus haben, wie die Appetitsregungen. Hunger und Durst beispielshalber; die Empfindungen von warm und kalt; die Afficirungen der Muskeln, wie das Bedürfniss von Bewegung und Ruhe etc. Alle diese Phänomene werden von Brown analysirt und beschrieben mit der Geschicklichkeit und peinlichen Genauigkeit eines geübten Physiologen. Von besonderem Interesse ist dabei der Glaube an das Dasein der äusseren Welt und die Frage nach seinem Ursprunge.

Ihre verschiedene Beantwortung ist der Grund, aus welchem zumeist die philosophischen Systeme zu einander in Gegensatz treten: hier wurzelt auch Brown's eigener Gegensatz gegen die Schotten.

Brown hält es für eine allgemein zugestandene Behauptung, dass Geschmacks-, Geruchs-, Gehör- und Gesichtsempfindungen allein uns keinen Begriff von äusseren Objecten geben. Wären wir nur auf diese vier Sinne angewiesen, so könnten wir nur die ihnen eigenthümlichen Empfindungen erleben; aber diese verschiedenen Empfindungen würden ohne jedes Resultat in der Seele aufeinanderfolgen; es würde sich gar kein Unterschied zeigen zwischen ihnen und jenen Existenzformen, die gewissen Gesetzen der Association folgen und dabei keine anderen Principien haben, als die spontane Seelenbethätigung. Sie würden niemals im Stande sein, uns den Gedanken nahezulegen, dass wir sie auf eine äussere materielle Ursache zurückzuführen haben. Wir würden vielleicht eine Ursache dafür suchen, aber sicherlich keine solche, die mit den sogenannten primären Stoffqualitäten ausgerüstet ist wie etwa Ausdehnung oder Undurchdringlichkeit. Angesichts der Unmöglichkeit, mit Hülfe dieser vier Sinne zur Vorstellung des Stoffs zu gelangen, erschien es Reid als eine nothwendige Folgerung, dass dieser Begriff auf den Tastsinn bezogen werden müsse.

Brown ist darüber anderer Ansicht; er sucht zu beweisen, dass die Begriffe „Undurchdringlichkeit" und „Ausdehnung" ihren Ursprung zwar in organischen Affectionen haben, aber in musculären und nicht in Tastempfindungen. Mit anderen Worten: er behauptet, dass diese zwei Ureigenschaften der Materie ursprünglich nicht Qualitäten des Tastsinnes sind, sondern, wie man es später genannt hat, des Muskelsinnes (Innervationsempfindungen).

„Our muscular frame", writes Brown (Lecture XXIII), „is not merely a part of the living machinery of motion, but is also truly an organ of sense. When I move my arm, without resistance, I am conscious of a certain feeling: when the motion is impeded, by the presence of an external body, I am conscious of a different feeling, arising partly, indeed, from the mere sense of touch, in the moving limb compressed, but not consisting merely in this compression, since, when the same pressure is made by a foreign force, without any muscular effort on my part, my general feeling is very different. It is this feeling of resistance to our progressive effort (combined, perhaps, with the mere tactual feeling) which forms what we call our feeling of solidity or hardness; and, without it, the tactual feeling would be nothing more than a sensation indifferent or agreeable, or disagreeable or severely painful, according to the force of the pressure, in the particular case; in the same way as the matter of heat, acting, in different degrees on this organ of touch, and on different portions of its surface, at different times, produces all the intermediate sensations, agreeable, disagreeable, indifferent, from the pain of excessive cold, to the pain of burning; and produces them in like manner, without suggesting the presence of any solid body, external to ourselves."

Wenn jemand zum ersten Mal einem Kinde einen festen Gegenstand in die Hand giebt, das noch nicht weiss, dass es materielle Organe hat, die in Beziehung zu der Aussenwelt stehen, so würde dieser Eindruck

„excite a certain sensation, indeed, but not that of resistance, which always implies a muscular effort that is resisted, and consequently not that of hardness, which is a mode of resistance." ·

Ganz anders wäre es, wenn das Kind versuchen würde, den Körper in seiner Hand zusammenzudrücken; denn dann würde die Anstrengung ohne Erfolg sein und als Folge würde das Gefühl eines Widerstandes in ihm aufsteigen.

„This feeling, which as coexisting in this case, and in every case of effort, with the particular sensation of touch, might afterwards be suggested by it, on the simple recurrence of the same sensation of touch, so as to excite the notion of hardness in the body touched, without the renewal of any muscular effort on our part."

Die genaue Association dieser zwei Affectionen war der Aufmerksamkeit der meisten Philosophen entgangen; wo doch zwei Elemente sind, hatten sie nur eines gefunden. Und dasselbe Uebersehen verursachte die allgemeine Meinung, die den Ursprung des Glaubens an die äussere Welt auf den Tastsinn zurückführt. Brown dagegen unterscheidet klar das Widerstandsgefühl von dem Tastsinn und diese genauere Analyse erlaubte ihm den Begriff der primären Stoffqualitäten auf seine wahre Quelle zurückzuführen.

Wenn die Berührung für sich allein unfähig ist, die Vorstellung der Undurchdringlichkeit und ihre verschiedenen Formen zu erzeugen, so ist es ebenso klar, dass sie auch Ausdehnung und ihre Modificationen uns nicht mittheilen kann. Wenn die Annahme zuträfe, dass der Tastsinn uns Ausdehnung und Gestalt mittheile, in gleicher Weise etwa wie das Gehör uns den Ton mit seinen Abwandelungen übermittelt, so folgte nothwendigerweise, dass wir alle Varietäten von Grösse und Form kennen müssten. Die Erfahrung widerlegt aber diesen Satz, und in der That, wenn wir mit geschlossenen Augen einen Körper berühren, den wir nie gesehen haben, so werden wir sehen, dass wir uns betreffs seiner Gestalt und seines Umfangs keine Vorstellung machen können. Wenn der berührte Körper klein ist, wie z. B. ein Stecknadelkopf, so erfahren wir eine gewisse Empfindung. aber sie ist kaum eine Wahrnehmung von Ausdehnungsgrösse und sie ist weit davon

entfernt, uns den Begriff einer bestimmten Form zu geben.
Wenn wir uns nach gemachter Erfahrung und durch die Mithülfe der übrigen Sinne mit der äusseren Welt bekannt gemacht haben, und wir sind trotzdem unfähig, durch den Tastsinn allein selbst eine glatte Oberfläche zu beurteilen, so ist
a fortiori zu behaupten, dass dieser Sinn nicht im Stande ist
uns zu zeigen, wie man feste Körper oder ihre Ausdehnungen
abschätzt.

Worin besteht dann der Ursprung des Ausdehnungsbe-
griffes? Kommt die Seele dazu durch eine plötzliche Enthül-
lung oder durch stufenweise Erfahrung? Ist sein Ursprung
veranlasst durch eine muskuläre Affection, ebenso vielleicht
wie der Begriff der Undurchdringlichkeit?

Um Brown's Erklärung zu verstehen, muss man sich
auf seinen Standpunkt stellen und sich darin erinnern, dass
er, ähnlich wie Condillac und Bonnet, um den Ursprung
und die Bildung des Stoffbegriffs zu entdecken, ein unwissen-
des Wesen mit der Annahme ausgerüstet sein lässt, dass es
einen Körper hat und dass es ausserdem noch andere Körper
giebt, mit denen er in Berührung kommt; in einem Wort, ein
Wesen im Zustand eines neugeborenen Kindes. Die folgende
Stelle zeigt Brown's Methode und giebt uns zugleich auch
seine Lösung des Räthsels:

„The hand is the great organ of touch. It is composed of various arti-
culations, that are easily moveable, so as to adapt it readily to changes
of shape, in accomodation to the shape of the bodies which it grasps.
If we shut our hand gradually, or open it gradually, we find a certain
series of feelings, varying with each degree of the opening or closing,
and giving the notion of succession of a certain length. In like manner,
if we gradually extend our arms, in various directions, or bring them
nearer to us again, we find that each degree of the motion is accom-
pained with a feeling that is distinct, so as to render us completely conscious of the progression. The gradual closing of the hand, therefore,
must necessarily give a succession of feelings, — a succession which, of
itself, might, or rather must, furnish the notion of length, in the manner
before stated, the length being different according to the degree of
closing; and the gradual stretching out of the arm gives a succession of
feelings, which, in like manner, must furnish the notion of length, — the
length being different according to the degree of the stretching of the
arm. The particular contraction, therefore, when thus often repeated,
becomes the representative of a certain length, in the same manner as
shades of colour in vision become ultimately representative of distance,

— the same principle of association which forms the combination in the one case operating equally in the other" (Lecture XXIII).

Kurz zusammengefasst, will also Brown über den Ursprung und die Bildung des Glaubens an die äussere Welt etwa folgendes lehren: Zu dem Gefühl des Widerstandes treten die Bewegungsempfindungen hinzu.

Das Bewusstsein einer fortschreitenden Aufeinanderfolge von Tastempfindungen in der Seele legt uns den Begriff der Länge nahe: zunächst einer Linie, welche uns bald auch zur Vorstellung von Flächen führt, denn zwei parallele Linien ergeben uns durch ihre Aneinanderlegung den Begriff der Breite. Die dritte Ausdehnung des Raumes, bestehend aus den beiden ersten, giebt uns den Begriff der Tiefe und ergänzt so die Auffassung vom Raum und seinen möglichen Configurationen.

Wenn wir hier angekommen sind, so haben wir nur noch einen Schritt zu machen: zwischen diesen idealen Längen, diesen ideellen Linien und Flächen haben wir nur ein Ding zu setzen: nämlich den Stoff, und wir haben gesehen, das ist uns gegeben in dem Gefühl des musculären Widerstandes.

So erwerben wir uns nach Brown die Vorstellung von etwas, was wir nicht selbst sind, von etwas, das undurchdringlich und äusserlich ist, die Vorstellung von Körper und Stoff.

Unsere ganze Kenntniss der äusseren Welt besteht in den Gefühlen des Widerstandes, der Länge und Ausdehnung, die in einen zusammengesetzten Zustand vereinigt sind. Endlich aber treibt unser intuitiver Glaube an das Causalprincip uns zu der Forderung einer realen Existenz, die hinter den Empfindungen liegt und ihre Entstehung bedingt.

2) Die inneren seelischen Zustände.

Abschnitt 1.

Die intellektuellen Seelenzustände.

Unter innerseelischen Zuständen versteht Brown alle Arten seelischer Existenz, die ihren Ursprung der spontanen Bethätigung des denkenden Ich verdanken.

Er theilt sie in zwei Classen:

1. Die intellektuellen seelischen Zustände.

2. Die Emotion (seelische Erregungen).

Die intellektuellen Zustände werden ihrerseits in zwei Unterabteilungen gebracht: 1. phenomena of simple suggestion; 2. phenomena of relative suggestion.

„Simple Suggestion" ist die eigentümliche Neigung der Seele, sich selbst, in Ermangelung jeglicher äusseren Ursache, die Gegenstände der materiellen oder immateriellen Welt vorzustellen. Ihr Produkt ist ein Begriff.

„Relative Suggestion" ist die Eigentümlichkeit der Seele, zwischen zwei oder mehr Begriffen die Ähnlichkeiten oder Unterschiede herauszufinden, die in ihnen gegenwärtig sind. Ihr Produkt ist das Gefühl der Beziehung (relation) oder das Urtheil.

Begriffe und Urteile sind reine Verstandszustände oder Thätigkeiten; einfache Suggestion und relative Suggestion sind die zwei Arten intellectueller Thätigkeit. Mittelst dieser beiden Operationen versucht Brown die Thatsachen des theoretischen Seelenlebens zu erklären,

a) *Die Gesetze der einfachen Suggestion.*

Brown untersucht zuerst die Gesetze dieser seelischen Funktion, dann bweist er, dass sie hinreicht um all' die Phänomene, die fälschlich anderen verschiedenen Kräften zugeteilt werden, wie z. B. Conception, Gedächtniss, Phantasie, Gewohnheit zu erklaren.

Es ist eine Thatsache, die durch das Bewusstsein bewiesen wird, dass Ideen erneuert werden in der Seele und zwar unabhängig von jeder neuen Wahrnehmung der Objekte, denen sie ihren Ursprung verdanken.

Ferner ist es eine Thatsache, dass diese Ideen nicht zufällig einander folgen, sondern dass sie eine geregelte, beständige Folge einhalten.

Die einfache Suggestion ist also gewissen Gesetzen unterworfen, die zu kennen wichtig ist.

Brown erkennt zwei Klassen solcher Gesetze: 1. primäre und 2. secundäre Gesetze.

Aritoteles dachte, dass Ähnlichkeit, Gegensatz, und Contiguität (unmittelbare Berührung im Bewusstsein) die Functionen des Gedächtnisses bestimmen.

Hume führt die verschiedenen Gesetze auf drei zurück: Ähnlichkeit, Berührung in Zeit und Raum (Contiguität), und Causalität.

Auf diese Classification Humes richtete Brown hauptsächlich seine Aufmerksamkeit und Kritik. Er schreibt:

„Causation far from being opposed to contignity, so far as to form a separate class, is, in truth, the most exquisite species of proximity in time, and in most cases of contignity in place also, which could be adduced; because it is not a proximity depending an casual circumstances, and consequently liable to be broken, as these circumstances may exist apart, but one which depends only on the mere existence of the two objects that are related to each other as cause and effect, and therefore fixed and never failing" (Lecture XXXV).

Hume's Principien, drei an der Zahl, werden also auf zwei reducirt; man könnte sie sogar auf eines reduciren. Denn

„all suggestions may, if our analysis be sufficiendly minute, be found to depend on prior coexistence, or at least on such immediate proximity as is itself, very probably, a modification of coexistence.''

Obwohl aber durch Analyse alle die besonderen Gesetze der Ideenassociation auf ein allgemeines Gesetz zurückgeführt werden könnten, das sie alle einschlösse: nämlich die Proximität oder frühere Coexistenx, so nimmt Brown doch, um diese Grundfrage nachdrücklicher untersuchen zu können, wieder die Aristotelischen Untereintheilungen vor in: 1. Aehnlichkeit, 2. Contrast, 3. „Nahesein" (nearness) in Zeit oder Raum.

Sie sind aber nicht die einzigen Gesetze; sie unterstehen selbst wieder dem Einfluss besonderer Principien, die ihre Thätigkeit modificiren und die von Brown secundäre Gesetze genannt werden.

„If there be various relations, according to which these parts of our trains of thought may succeed each other, — if the sight of a picture, for example, can recall to me the person whom it resembles, the artist who painted it, the friend who presented it to me, the room in which it formerly was hung, the series of portraits of which it then formed a part, and derhaps many circumstances and events that have been accidentally connected with it. — why does it suggest one of these conceptions rather than the others? The variety of the suggestion is surely sufficient to show, that the laws of suggestion, as a principle of the mind, are not confined merely to the relations of the succesive feelings, — in which case the suggestion would be uniform, — but that, though these may be considered as primary laws, there must be some other circumstances which modify their peculiar influence at different times, and in different persons, and which may therefore be demominated secondary laws of suggestion" (Lecture XXXVII).

Es giebt neun solcher secundärer Gesetze und er beschreibt sie folgendermaassen:

1. „The first circumstance which presents itself, as modifying the influence of the primary laws, in inducing one associate conception rather than another, is the length of time during which the original feelings from which they flowed, continued, when they coexisted, or succeded each other."

2. „The parts of a train appear to be more closely and firmly associated, as the original feelings have been more lively."

3. „The parts of any train are more readily suggested, in proportion as they have been more frequently renewed. It is thus we remember, after reading them three or four times over, the verses which we could not repeat when we had read them only once."

4. „Feelings are connected more strongly, in proportion as they are more or less recent."

5. „Our successive feelings are associated more closely, as each has coexisted less whit with other feelings."

6. „The influence of the primary laws of suggestion is greatly modified by original constitutional differences, whether these are to be referred to the mind itself, or to varieties of bodily temperament." Differences of genius, of character, and of temperament are natural and persistant causes of the infinite variety of combinations which is manifested in the mind."

7. Besides these natural differences, there are others due to accidental circumstances, the influence of which is manifest in the sudden changes which take place in us, and which, from moment to moment, make sadness follow joy, and fear joy.

8. The influence of bodily condition on the mind.

9. The sequence of our ideas is constantly modified by habit; the same object seen for the first time by several individuals of different professions suggests to them different ideas; for each of these persons compares the object with the object which are most familiar to himself.

Dieses also sind die Gesetze, welche die Änderung der allgemeinen und ursprünglichen Gesetze der Suggestion bedingen. Brown ist weit davon entfernt zu behaupten, dass man diese secundären Gesetze nicht beschränken könne. Denn die geringste Reducirung würde genügen, einen grossen Theil derselben zu combiniren; er zieht es aber vor, die Frage unter diesen verschiedenen Titeln zu behandeln, um sie von allen Seiten zu untersuchen und sich keine Kleinigkeit entgehen zu lassen.

Dieser Theil der Erörterung enthält als Zusatz manche neue Beobachtungen. Zwei Bemerkungen sind hier zu verzeichnen, die er betreffs einfacher Suggestion macht.

Die erste besteht darin, dass, wenn wir den Ausdruck seelische Aufeinanderfolgungen gebrauchen, wir uns nicht einbilden sollten, dass diese Sequenzen in der Seele nur auftauchen, um sofort gleich Spiegelbildern wieder zu verschwinden. Im Gegentheil, die Vorstellung, die eines von ihnen hervorruft, kann oft neben einer anderen bestehen und sogar noch mit solchen, die auf die letztere folgen und kann mit all' diesen eine Gruppe bilden von mehr oder weniger zahlreichen Formen.

Der zweite Punkt ist, dass wir durchaus nichts über die Folge unserer Gedanken wissen, ausgenommen, dass sie vorausgehen und folgen nach bestimmten Gesetzen; wir sollten also nicht glauben, dass wir die Natur dieses Phänomens verstehen, wenn wir behaupten, dass diese Ideen, bevor sie sich in der Seele verbinden, durch Bande der Association zusammengehalten werden.

Brown versuchte keine erklärende Theorie der „Association". Er verwirft die Theorie mitsammt dem Namen. Er betrachtet sie sogar als die Quelle der grössten philosophischen Irrthümer. Nach seiner Ansicht setzt das Wort Association, wie es verstanden wird, einen Vorgang voraus, der der primitiven Folge der Seelenthätigkeit vorausgehen musste. Das wäre aber ein Unsinn, denn es wäre ungefähr dasselbe, wie wenn man behauptete, dass Ideen verbunden seien bevor sie verbunden wären.

Aber selbst wenn man ihn günstiger auslegen wollte, würde derselbe Ausdruck doch andererseits in zu engem Sinne gebraucht sein; denn Association ist nichts unseren Ideen allein eigenthümliches; sondern es erstreckt sich auch auf unsere Urtheile, Erregungen und alle unsere Gefühle jeglicher Art. In der That, der Terminus „Association", in dem gewöhnlichen

Sinn, scheint die Quelle mancher Irrthümer gewesen zu sein. Denn da die Associationspsychologie mehrere seelische Phänomene nicht zu erklären vermochte, so musste sie zu weiteren Kräften ihre Zuflucht nehmen, die höchstens in dem Wörterbuch eines Philosophen sich finden.

Aus diesem Grunde verwirft Brown beständig den Ausdruck „Ideenassociation" und ersetzt ihn jedesmal durch den andern „Relative Suggestion", eine seelische Function, die ihm für die Producirung aller Phänomene genügend erscheint, die sonst fälschlicherweise einer gewissen Zahl imaginärer Kräfte zugetheilt werden, die von Philosophen nur erfunden werden, um das zu erklären, was „Association" nicht zu erklären vermag.

b) Die angeblichen Kräfte, auf welche die Phänomene einfacher Suggestion zurückgeführt wurden.

Brown versteht also unter einfacher Suggestion die Neigung von einer Empfindung oder von irgend einem Begriff zu einer ganz anderen Vorstellung auf Grund ihrer eigenen Energie und in Ermangelung irgend eines äusseren Objectes überzugehen.

Diese Neigung setzt nicht irgend welchen früheren Associationsvorgang voraus. Sie genügt, um eine grosse Anzahl von Phänomenen zu erklären, die fälschlicherweise durch verschiedene Kräfte erklärt werden.

Die auf diese Weise von Brown eliminirten „Vermögen" sind Conception, Gedächtniss, Phantasie und Gewohnheit.

„There are not a Power of Conception *and* a Power of Suggestion: but there is one general Power or tendency, which may be expressed by either of these words, or by the word Association, if it should seem preferable, that, in certain circumstances, gives rise to certain conceptions, and, as the source of every simple sequence in our trains of thought, is all that can be meant by any of those varieties of verbal designation. — The supposed Power of Conception, when any particular conception arises in a train of thought, does not differ more from the Power or Principle of Suggestion, in consequence of the more general influence of which it has arisen, than the Power of uttering a single word differs generically from the Power or of uttering whole sentences. Whether we speak of a Power of Conception, or of a Power of Association or Suggestion, we have regard to the rise of one single feeling, and express only one single tendency of the mind to exist in one state after existing in another state; the only difference being, that when we use one of these words, *Conception*, we have chiefly in view the relation of this state of the mind to some external object formerly perceived, and that when we use either of the other words, Suggestion or Association, to express the very same internal sequence, we have chiefly in view the relation which the two parts of the simple sequence bear to each other, as directly antecedent and consequent" (Brown, Sketch of a System of the Human Mind, Part I, p. 234, Edinburgh, 1820).

Conception ist also keine besondere Kraft; es ist dasselbe wie Gedächniss. Gedächtniss aber ist nur ein zusammengesetztes Phänomen, dessen Elemente ihren Ursprung entweder in einfacher oder in relativer Suggestion haben.

„The remembrance is not a simple, but a complex state of mind; and all which is necessary to reduce a remembrance to a mere conception is to separate from it a part of the complexity, — that part of it which constitutes the notion of a certain relation of antecedence". Lecture XLI. — „The particular feeling of any moment before the present, as it rises again in our mind, would be a simple conception, if we did not think of it, either immediately or indirectly, in relation to some other feeling earlier or later. It becomes a remembrance when we combine with it this feeling of relation — the relation which constitutes our notion of time".

„The conception, which forms one element of the remembrance, is referable, to the capacity of simple suggestion, which we have been considering; the feeling of the relation of priority, which forms the other element of the remembrance, is referable, like all our other feelings of relation, to the capacity of relative suggestion, which we are afterwards to consider".

Das Gedächtniss besteht also aus zwei Elementen, aus einem Begriff und einem Urtheil. Ausserdem, wenn doch der Begriff, an den man sich erinnert, auf eine specielle Kraft zurückgeführt werden soll, warum bezieht man sie nicht auf eine eingebildete Seherkraft, die ja dem Gedächtniss ziemlich entsprechend ist, namentlich da sie in ihrem Umfang auch ein Zeitelement einschliesst. Dies geschieht bisweilen, indem man den Begriff auf die Phantasie bezieht. Brown ist natürlich durchaus dagegen, dass die Phantasie die Bedeutung eines seelischen Vermögens haben soll. Auch die glänzendsten Phantasieschöpfungen sind nach seiner Ansicht nichts anderes als Producte einfacher und relativer Suggestion, die verbunden wirksam sind unter dem Einfluss und der Leitung eines Wunsches.

„The simple elements, however, if we retrace our consciousness, are all that can be found in the process",

was wir durch „Phantasie" ausdrücken.

„We find the conception of a particular subject, rendered more vivid and lasting by an accompanying desire; — the sequence of conception after conception; a feeling of fitness or unfitness, varying according to the nature of the particular conception suggested. All that seems creative is nothing more than the existence of a certain previous desire, and the ordinary sequences of Suggestion. We do not will the images, that appear unfit with relation to our plan, to vanish from our mind: for such a wish, by rendering them more lively would only tend to give them more permanence. But the images that appear to us fit for our purpose, remain longer, by the interest which fitness gives to them, as objects which we wish to contemplate in all their varied aspects; and the images which appear unfit pass away with comparative rapidity, because, when felt to be unsuitable they excite no desire of tracing their relations more fully" (Brown, Sketch of a System of the Human Mind, I, p. 250--251).

Endlich giebt es noch eine vierte und letzte Classe von Phänomenen, welche von Reid durch ein ursprüngliches Vermögen unserer Natur erklärt werden, die Brown aber auch durch die Gesetze der Suggestion erklärt. Dieses sind die sogenannten „Gewohnheitsphänomenen".

„If the physical influence of Suggestion, or Association, had been limited to our ideas, in conformity to the ordinary phrase that explains it, it might have been necessary to have recourse to another principle, to account for our habitual practical tendencies. But when that unnecessary limitation, which is wholly unwarranted by the phenomena of our consciousness, is removed, the growth of our practical habits seems as little mysterious as any of the phenomena of Suggestion, that are equally modifications of the same principle".

„The feeling which we term Desire, that is anterior to all voluntary action, is a mere state of the mind, like any of our perceptions or conceptions. It may coexist, in the metaphysical sense of that term, with the perception or conception of various objects; as one perception or conception may coexist with another; and may be recalled, therefore, in like manner, by the feeling that before coexisted with it" (Brown, Sketch, I, p. 254).

Indem er so die Meinung Reid's angreift, der eine specielle Kraft für die Gewohnheit einführte, macht Brown trotzdem keinen Versuch, die Phraseologie zu vereinfachen. Wenn er für gut hielt, den Beweis zu erbringen, dass die Gesetze, nach denen die Gewohnheit sich richtet, auf die Gesetze einfacher Suggestion reducirt werden können, hätte er dann nicht auch den ganzen Gegenstand vereinfachen sollen? Denn der Gegenstand hätte in diesem Falle, anstatt einen neuen Ausdruck dafür anzuwenden, einfach als ein Theil der Theorie des Gedächtnisses behandelt werden müssen.

c) *Die Gesetze relativer Suggestion.*

Wenn zwei oder mehrere Gegenstände in derselben Zeit wahrgenommen oder gedacht werden, so entstehen dadurch in der Seele neue Seinsformen, die Brown Gefühle der Relation nennt. Sie bilden die zweite allgemeine Gruppe unserer sinnlichen Zustände. Relative Suggestion ist ungefähr die Thätigkeit, welche wir durch die Worte: „Vergleichung" oder „Urtheil" ausdrücken.

Die Beziehungen zweier Objekte zu einander sind unzählig; trotzdem aber kann man sie in Classen einordnen. Brown findet zwei Unterscheidungen: 1. solche in dem Verhältniss der Coexistenz, und 2. solche in dem Verhältniss der Folge, sofern sie also den Begriff Zeit in sich fassen oder nicht.

Jeden dieser zwei Theile zerlegt er wieder in Untertheile (Lection XIV), den ersten in Beziehungen 1. der Lage, 2. der Aehnlichkeit, 3. der Proportion oder des Unterschiedes, 4. der Steigerung, 5. der Zusammenfassung; den zweiten Theil in Beziehungen 1. der zufälligen Folge, 2. der ständigen Aufeinanderfolge.

Dies sind die Beziehungen, in welchen Objekte in Wirklichkeit zu einander stehen. Wenn man nur obenhin einen Blick auf die Natur wirft, so kann das die Veranlassung dazu sein, dass sich das Gefühl einer wirklich existirenden Beziehung in unserer Seele regt. Der Anblick entfernter Berge erregt in uns durch ihre verschiedene Stellung den Begriff von Aehnlichkeit und Abstufung. Die Bäume auf ihren Gipfeln zeigen uns den Unterschied der einzelnen Zweige und den Unterschied zwischen den letzteren und dem Stamm; die Heerden, die in der Hürde weiden, zeigen das Verhältniss der Verknüpfung. All' das sind Beziehungen der Coexistenz. Sie schliessen jeden Zeitbegriff aus. Aber es giebt andere, wichtigere, welche ausser dem Zeitbegriff noch einen anderen einschliessen, der die höchste Neugierde der Menschen wachruft und ihre Thätigkeit regelt: Es ist der Causalitäts- oder

Kraftbegriff. Die Veränderungen, die einander in uns oder in der Welt folgen, sind das Resultat eines Wechsels oder die Wirkungen einer Ordnung, die unter fester Regel steht. Diese Beziehungen zwischen Vorausgehendem und Folgendem sind Beziehungen der Folge. Der erste fasst den Zeitbegriff in sich, der zweite auch den Causalitätsbegriff.

Es ist leicht einzusehen, dass mehrere dieser Eintheilungen ineinander übergreifen. Brown stellt das selbst fest:

„I am aware, that some of these might, by a little refinement of analysis, be made to coincide, — that, for example, both proportion and degree might, by a little effort, be forced to find a place in that division which I have termed comprehension, or in the relation of a whole to the separate parts included in it; but I am aware, at the same time, that this could not be done without an effort, — and an effort too, in some cases, of very subtle reasoning; and I prefer, therefore, the division which I have now made, as sufficiently distinct for every purpose of arrangement". (Lecture XLV.)

Diese Anordnung kann kaum als wissenschaftlich bezeichnet werden. Sie weist freilich nicht jede Classification ab, die unnöthig ist. Zweitens aber unterlässt sie vollständig das Verhältniss zwischen Eigenschaften und Substanz festzustellen. Der Grund dieser Auslassung mag wohl nicht das „very subtle reasoning" haben, das erforderlich gewesen wäre, sondern Brown's Bestimmung, dass er seine Aufmerksamkeit vor allen Dingen richten wolle auf die *Folge* von *seelischen* Phänomenen und auf die *Methoden* der *physischen* Analyse.

d) *Zurückführung gewisser angenommener Kräfte auf relative Suggestion.*

Die Kraft der gruppirenden Relation, der Philosophen eine Unmasse von Namen gegeben haben, ist nach Brown's Ansicht Original und unzerlegbar. Gerade wie er den Beweis liefern wollte, dass Conception, Gedächtniss, Phantasie und Gewohnheit nur Functionen einfacher Suggestion sind, so zeigt er, dass Urteil, Verstand und Abstraction unter dem Begriff „relative Suggestion" zusammengefasst werden können.

Was ist Urtheil? Lediglich das Gefühl, das auf die *Perception* oder *Conception* (Wahrnehmung oder Vorstellung) zweier oder mehrerer äusserer Objecte oder auch zweier oder mehrerer seelischer Affectionen folgt.

Was heisst Denken? Es ist eine Folge von Urtheilen, die

sich auseinander ergeben, und folglich eine längere oder kürzere Reihe relativer Suggestionen. Folglich ist es ein Irrthum, wenn man in Urtheil und Denken zwei getrennte Kräfte erblickt.

Abstraction sollte gleichfalls von der Liste der intellectuellen Kräfte gestrichen werden.

„This supposed faculty is not merely unreal, as ascribed to the mind, but I may add even that such a faculty is impossible, since every exertion of it would imply a contradiction" (Lecture LI).

In der That, was die Abstraction betrifft, ist nur eines von zweien möglich: Die Seele untersteht bei der Abstraction entweder dem directen Einfluss des Willens oder nicht. Die erste Annahme beruht auf einer Täuschung, und nimmt die Lösung des Problems vorweg. Die seelische Thätigkeit, nach der eine Idee von der andern getrennt wird, geht immer und nothwendigerweise der angenommenen Willensthätigkeit voraus. In einem Wort also, es ist schon eine Abstraction vorhanden, bevor nur der Wille zum Abstrahiren sich äussert. Bevor die Thätigkeit des Willens Platz greift, ist schon eine Abstraction eingetreten und der Wille kann nur noch indirect einwirken.

Durch Analyse lässt sich zweifellos eine zusammengesetzte Idee zerlegen und ein Bestandtheil von dem anderen sondern. Bei dieser Thätigkeit unterliegt sie aber gewissen seelischen Gesetzen, die keine besondere Kraft repräsentiren, sondern die völlig identisch sind mit denen, welche die Wahrnehmung von Beziehungen controlliren.

„The relative suggestions, are those very feelings, for the production of which this peculiar faculty is assigned. We perceive two objects, a rock, for example, and a tree: We press against them; they both produce in us that sensation, which constitutes our feeling of resistance. We give the name of hardness to this common property of the external objects; and our mere feeling of resemblance, when refered to the resembling objects, is thus converted into an abstraction (Lecture LI).

Gesetzt, man gebe zu, dass Brown Recht hatte, wenn er in der Abstraction nicht mehr sah als eine Art von relativer Suggestion: so könnte man doch einwenden, er habe anscheinend ganz vergessen, dass Begriffe selbst wieder lediglich Urtheile zur Voraussetzung haben! Wenn dem so ist, so durfte

Brown die Abstraction nicht unter relative Suggestion einreihen, sondern unter einfache Suggestion und zwar womöglich
in dieselbe Gruppe wie die Conception. Denn ist nicht stets
eine Art von Abstraction eine condicio sine qua non des
Begriffs? Ist nicht jeder complexe Begriff, sei er *allgemein*
oder *besonders,* nothwendigerweise abstract, ausgenommen der
(Singular-)Begriff eines Individuums? Denn um ihn in der
Seele zu bilden, bedarf es da nicht einer Isolirung desselben
im Bewusstsein und einer Herauslösung aus dem von ihm
Verschiedenen? —

Trotzdem muss man zugeben, dass Brown mit der Ein-
führung einer neuen Psychologie in Schottland den Zweck
erreichte, den er sich selbst bestimmt hatte. Er suchte nach-
zuweisen, in welche Irrthümer seine Vorgänger verfallen seien,
indem sie sprachlich unterschieden, was in Wirklichkeit identisch ist. Um das klarer zu zeigen, genügt es, sich die Liste
der intellectuellen Kräfte, wie sie von Reid und Stewart
adoptirt war, ins Gedächtniss zurückzurufen.

Reid scheint es als seine Aufgabe betrachtet zu haben,
die Zahl der seelischen Kräfte ins Unendliche zu vermehren.

„Conscionsness, sensation, perception, belief, memory, conception, abstraction, judgment, reasoning, and intellectual taste are all disinct
facultaties".

Stewart, sein Nachfolger, zählt beinahe ebenso viele auf.
Er giebt diese Liste in seinen moralphilosophischen Skizzen
(Seite 12); doch nennt er nur die wichtigsten:

„Consciousness, external perception, attention, conception, abstraction,
association of ideas, memory, imagination, judgment, and reasoning".

Ein Blick genügt, um zu zeigen, dass beide Listen ohne
Sorgfalt redigirt sind, sowohl was die Reihenfolge des Ursprungs
und sogar was die Existenz der Kräfte, die sie nennen, betrifft.

Brown's Eintheilung dagegen vermeidet grösstentheils
die Klippen, an denen seine Vorgänger scheiterten. Er erkennt bloss drei Klassen an: Sensation, einfache Suggestion und
relative Suggestion. Auch seine Eintheilung ist freilich nicht
einwandfrei, doch sie ist genauer als die einfache Aufzählung
der beiden anderen Schotten.

Es erübrigt noch hinzuzufügen, dass Brown's Vereinfachung weit davon entfernt ist von dem, was man von einer

gründlichen Anwendung seiner analytischen Methode und von seiner Art, die Reihen von Ursache und Wirkung zu verfolgen, erwarten sollte. Die Resultate Brown's wurden von keinem Schüler übernommen.

Der folgende Abschnitt wird die Aufgabe haben, Brown zu vergleichen mit den hervorragendsten Kritikern der Vermögentheorie in Deutschland, Herbart und Beneke.

III.

Brown's Kritik der Vermögentheorie verglichen mit der von Herbart und von Beneke.

Nach der scholastischen Terminologie hatte eine Substanz gewisse bleibende Eigenschaften, die von ihrem Bestande unzertrennlich sind und die nicht unterdrückt werden können, ohne dass die Substanz selbst vernichtet wird. Dies sind ihre Attribute. Die Substanz aber existirt in verschiedenen Modificationen oder Zuständen, die sich auf den Bestand der Substanz nicht erstrecken. Dies sind ihre Accidenzien. Wenn sich die letzteren auf Körper beziehen, so nennt man sie Eigenschaften, erstrecken sie sich auf die Seele, so sind es „Vermögen".

Die empirischen Wandlungen in Substanzen, welche durch Relationen mit anderen Substanzen nicht erklärt werden konnten, stellten sich endlich dar als die Wirkungen gewisser, nicht wahrnehmbarer Kräfte innerhalb der Substanz, die als qualitates occultae bekannt sind.

Die wissenschaftlichen Methoden eines Kepler, Galilei und Newton zerstörten vollständig die Theorie der „qualitates occultae", wenigstens so weit die Körper in Betracht kommen. Die Accidenz ist weiter nichts als eine Art und Weise, wie man einen Körper auffasst. Die Annahme einer Kraft ist unnöthig. Die körperlichen Modificationen erklären sich durch die mechanische Bewegungsthätigkeit.

Die Theorie von den qualitates occultae aber, so weit sie die Psychologie betrifft, erlag erst viel später derselben zerstörenden Kritik. Locke[1]) bezweifelte den Werth der Theorie, bequemte sich aber schliesslich der gebräuchlichen Ausdrucks-

---

1) Essay, Buch II, Capitel XXI, § 6.

weise an, und diese herrschte während des achtzehnten Jahrhunderts durchweg in der englischen Philosophie ebenso wie in der deutschen. Sie wurde zuerst in England von **Brown** im Jahre 1798[1]) angegriffen und in Deutschland durch **Gottlob Ernst Schulze** im Jahre 1792.[2])

Schulze's Kritik enthielt die Grundgedanken, mit welchen später **Herbart** seinen Angriff auf die Vermögentheorie richtete, und ähnlich hat **Beneke** an der Zerstörung derselben gearbeitet.

Es erübrigt noch zu beschreiben, unter welchen Umständen die ersten Kritiken in England und Deutschland gemacht wurden, ferner in aller Kürze **Schulze** und **Herbart** einander gegenüber zu stellen und dann im einzelnen **Brown**'s Kritik in England mit der von **Herbart** und **Beneke** in Deutschland zu vergleichen.

A. Beginn der Opposition gegen die Vermögentheorie in England und in Deutschland.

Die moderne Formulirung der Vermögentheorie in England verdankt ihre Gestalt **Reid** und seinen Schülern. **Reid** erkennt an, dass **Berkeley** und **Hume** directe Schlüsse von **Locke**'s Prämissen zogen. Aber er behauptet, dass **Berkeley**'s Ableugnung der materiellen Welt und **Hume**'s Zweifel betreffs der Erkenntniss von Substanz und Causalität aus den unrichtigen Voraussetzungen hervorgegangen sind. **Reid** leugnet mit aller Macht, dass die Seele eine tabula rasa ist, auf der die Erfahrung ihre Zeichen schreibt und die selbst keinen eigenen Inhalt hat. Er besteht darauf, dass es in unserem Urtheil Vorstellungscombinationen mannigfachen Inhalts giebt, und dass wir, während wir diese Urtheile analysiren können, trotzdem nicht sicher darüber sind, dass wir sie in die Theile zerlegt haben, aus denen sie ursprünglich bestanden.

In all' diesen Urtheilen ist die Seele thätig. Sie ist nicht bloss empfänglich für äussere Reizungen. Es giebt keine unbeziehbaren Eindrücke oder vereinzelte Ideen in der Seele.

---

1) In der Einleitung zu den Beobachtungen über die Zoonomia des **Erasmus Darwin** und im einzelnen in seinen späteren Werken.

2) In Aenesidemus oder über die Fundamente der Elementar-Philosophie.

Es ist Reid's Erklärung der Seelenthätigkeit, welche der Vermögentheorie in England wieder neues Leben einhauchte. Er schreibt diese Thätigkeit der Beziehung dem Vermögen zu. Jede Operation, sagt er, setzt eine operirende Kraft in dem Wesen voraus. Irgend einem Ding Operationsfähigkeit zuzuschreiben, das keine Kraft hat, wäre unsinnig. Auf der andern Seite aber ist es durchaus vernünftig, wenn man von einem Wesen annimmt, dass es trotzdem Operationskraft habe, selbst wenn es in Wirklichkeit ruht. Thätigkeit schliesst Kraft in sich, Kraft aber nicht Thätigkeit.

Seelenkräfte sind die Vermögen. Da es nun verschiedene Vorstellungscombinationen giebt, so giebt es auch unterschiedene Vermögen, die sie bewirken. Reid und Stewart sind einig in der Unterscheidung intellectueller und activer oder emotioneller Vermögen und in der Aufstellung einer Pluralität von intellectuellen Kräften. Aber betreffs der verschiedenen Functionen gehen sie weit auseinander. Reid theilt die intellectuellen Kräfte ein in äussere Sinne, Gedächtniss, Conception, Abstraction, Urtheil (erste Wahrheiten), Denken, Geschmack; Stewart übergeht Geschmack und fügt Bewusstsein und Aufmerksamkeit hinzu, ebenso Ideenassociation und Phantasie. Beide Eintheilungen sind sicherlich willkürlich. Die Schwäche dieser Eintheilungen war trotzdem nicht der einzige Vorwurf, den Brown gegen die Häupter der schottischen Schule schleuderte. Es war die Behauptung inactiver Kräfte, die ihn zum Bruch mit seinen Landsleuten führte und zum Angriff gegen das ganze System der Vermögen veranlasste.

Er wandte zum Studium der Seele naturwissenschaftliche Methoden an. Gerade wie die Naturwissenschaft die Beziehungen zwischen verschiedenen Phänomen oder stofflichen Erscheinungen zu analysiren oder zu verfolgen hat, ohne jemals bis an die dahinter liegenden Kräfte heranzureichen, so behandelt seine Psychologie alle seelischen Thatsachen als Zustände Arten oder Modificationen der Seele.

In einem solchen System gab es keinen Platz für Kräfte. Perceptionen, Conceptionen und Imaginationen sind weiter nichts als die Seele in den verschiedenen Zuständen des Percipirens, Concipirens oder Imaginirens. Die sogenannten Kräfte sind weiter nichts als die verschiedenen Arten, in denen die seelische Thätigkeit sich selbst bethätigt. Bewusstsein ist von diesen Zuständen nicht unterschieden und die Eintheilung der seelischen Modificationen richtet sich nur nach der verschiedenen Art ihrer Anlässe. Dies war, wie gezeigt wurde, in England die Bestreitung der Vermögentheorie: sie stellte sich mit Brown auf den Standpunkt eines naturwissenschaftlichen Positivismus, ohne ihn jedoch nach metaphysischer Richtung consequent durchzuführen.

Die moderne Form der Vermögentheorie in Deutschland verdankt Wolff und seiner Schule ihren Ursprung. Wolff war unzufrieden mit der Theorie von Leibniz, dass die Vermögen nur Modificationen der vorstellenden Seelenkraft seien. Er erhebt sie zum Rang von permanenten Existenzen in der Seele. Er war unzufrieden mit der Theorie der einheitlichen und permanenten Seelenkraft. Die Seelenkraft und das Vermögen sind nicht zu verwechseln. Wolff suchte eine verschiedene Erklärung der mannigfaltigen Erscheinungen der Seele. Die Modificationen der Seelenkraft werden bestimmte Attribute der Seele. Die Seelenvermögen werden sogar mit körperlichen Organen verglichen, um die Mannigfaltigkeit ihrer Functionen zu erklären.

Trotzdem bleibt Wolff's Schema der Seelenvermögen verhältnissmässig einfach, da er die Vermögen in zwei Classen eintheilt: das Erkenntnissvermögen und das Begehrungsvermögen.

Die Wolff'sche Schule behielt der Regel nach die Vorstellung als die Grundlage bei, zu gleicher Zeit aber wurden die Unterschiede zwischen den Vermögen genauer bestimmt. So dehnte man das Schema Wolffs weiter aus und fügte vor allem das Gefühlsvermögen zu den beiden anderen hinzu.

Kant änderte sehr wenig. Er nahm die drei Hauptformen der Seelenvermögen als gegebene Facta an und machte dadurch an den Dogmatismus ein stillschweigendes Zugeständniss. Schon aus diesem Grunde war Kants Lehre für die Entwickelung der Psychologie direct nicht günstig. Denn er war gewöhnt, psychologische Fragen durch die Seelenvermögen für erledigt zu halten. Die scharfe Unterscheidung zwischen den einzelnen Kräften verdunkelte beständig den Gedanken ihrer

Zusammengehörigkeit. Er setzte die Wechselwirkung der Seelenvermögen an Stelle derjenigen der seelischen Zustände. Und zuletzt prüft er jedes Vermögen nach Maassgabe seiner Leistung.

Von besonderem Interesse ist G. E. Schulze's Angriff auf Kant. Es ist äusserst auffallend zu sehen, dass der erste ernstliche Angriff auf die Vermögentheorie sowohl in England wie in Deutschland dem Einfluss Hume's zuzuschreiben ist. Schulze besteht darauf, dass die kritische Philosophie keinen Erfolg hat, wenn sie die Zweifel des schottischen Sceptikers zu widerlegen sucht. Brown bringt seine Auffassung der Hume'-schen Causaltheorie dazu, die Vermögenstheorie der schottischen Schule zu stürzen.

An erster Stelle ist nach Schulze's Ansicht gerade der Plan der Kritik Hume's Einwendungen ausgesetzt. Kant will die Erkenntniss erklären. Die Factoren der Erkenntniss sind abzuleiten von einem Grundvermögen der menschlichen Vernunft.

Diese Grundvermögen müssen erst noch entdeckt werden. Aber Kant setzt dabei voraus, dass jeder Theil der Erkenntniss solch ein Grundvermögen hat. Die Kritik nimmt z. B. zwar die Gültigkeit des Causalitätssatzes als Bedingung aller Causalerkenntniss an, aber gerade das ist die Behauptung, welche Hume angreift.

Schulze's zweiter Punkt ist der, dass dieses Grundvermögen nicht entdeckt, sondern einfach vorausgesetzt wird. Die Erkenntniss ist nach Kant ein synthetisches Urtheil a priori, eine allgemein gültige und nothwendige Verbindung verschiedener Vorstellungen. Diese Verbindung ist nur möglich durch die reine Vernunft. Deshalb kann die Erkenntniss ihren Grund nur in einem transcendentalen Vermögen haben.

Dieser Schluss ist einfach folgender:

Weil eine Sache so ist und anderseits nicht gedacht werden kann, deshalb muss es auch so sein und nicht anders. Dieser Schluss setzt voraus, dass, was nothwendig gedacht ist, auch wirklich ist. Ist aber diese Art des Schlusses nicht genau dieselbe wie die, welche Hume sich weigerte als gültig anzuerkennen?

Als Resultat dieser dialektischen Untersuchungen kann

Schulze mit Hume's Hülfe seine eigenen Einwendungen formuliren, die er gegen die Vermögentheorie hegt. Bei einem Causalverhältniss kann man betreffs der Qualitäten der Ursache keine Folgerungen aus der Wirkung ableiten. Deshalb können auch seelische Phänomene nicht als die Effecte gewisser seelischer Kräfte dargestellt werden. Denn die letzteren sind nur die begrifflichen Wiederholungen der ersteren.

Schulze's Kritik der Vermögentheorie blieb zunächst für die Psychologie ohne Erfolg.

Der erfolgreiche Angriff kam von einer ganz anderen Seite, nämlich von Herbart. Bei diesem Fall kann man keine Beeinflussung von Hume nachweisen, es sei denn durch Vermittelung von Schulze selbst; Herbart ist kein Schüler Hume's wie Brown und Schulze. Er ist kein Skeptiker, sondern Nominalist mit metaphysischer Tendenz. Die Seelen-vermögen sind für ihn einfach Möglichkeiten, die nichts er-klären, was thatsächlich in der Seele vor sich geht. Das heisst aber noch nicht, dass Herbart den Kräftebegriff in der Seele verwirft. Im Gegentheil, er sieht in jedem Seelenvorgang die ausdrückliche Bethätigung einer Kraft. Was er verwirft ist der Kraftbegriff *in genere* als die Ursache einer Classe von Phänomenen. Die Seelenvermögen sind Gattungsbegriffe, die durch Abstraction aus der innerlichen Erfahrung heraus ge-bildet und dann als Erklärung dessen gebraucht werden, was in uns sich ereignet, indem man sie zu dem Rang von Grund-kräften der Seele erhebt.

Beneke übernimmt von Herbart die Negirung von Ver-mögen im gewöhnlichen Sinn des Wortes. Aber er geht noch einen Schritt weiter und besteht darauf, dass Psychologie als eine der Naturwissenschaften behandelt werden muss. Weder Mathematik noch Physik kann in den Dienst der Psychologie gepresst werden, wie Herbart es gethan hat. Aber Beneke meinte mit wissenschaftlicher Psychologie auch nicht eine physiologische Psychologie. Die wahre Methode besteht weder darin, noch in der mathematisch-metaphysischen Erklärung, sondern in der kritischen Untersuchung des in der Erfahrung Gegebenen und in dessen Zurückführung auf letzte Ursachen, die selbst zwar nicht wahrnehmbar sind, trotzdem aber noth-

wendig für die Facta in Betracht gezogen werden müssen.
(Neue Psychol. Ver.) In Betreff der Methode ist daher
Beneke mit Brown wesentlich einig.

Indem er also von den beiden Behauptungen ausgeht:
dass es nichts Angeborenes und nichts ursprünglich fest Be-
stimmtes in der Seele giebt und dass bestimmte Vermögen ursprünglich nicht existiren, entwickelt er dagegen seine Theorie
von *Urvermögen*. Aus der Thatsache, dass unsere Seelen trotzdem einen bestimmten Inhalt und bestimmte Bethätigungsweisen
erlangen, begründet er die Behauptung, dass die Seele ursprünglich im Besitz einer unermesslichen Mannigfaltigkeit von
Kräften oder Urvermögen ist, die sich von einander noch in
der Cohäsion, Receptivität, Lebhaftigkeit und Gruppirung
unterscheiden: ja, er geht zu der Lehre fort, dass die Seele
selbst nichts anderes ist als der Inbegriff dieser Urvermögen.
Beneke liess damit Herbart's Begriff von der Einheit der
Seele fallen und sieht in ihr nur eine Sammlung ursprünglich
getrennter Kräfte.

Diese primitiven, immateriellen Kräfte, die so eng verbunden sind, dass sie ein Wesen bilden, erwerben sich Be-
stimmtheit und Gestalt durch die Bethätigung, zu der sie
durch Reize der Aussenwelt veranlasst werden. Diese Wirkung
äusserer Eindrücke, die durch innere Kräfte angeeignet werden,
ist der erste Vorgang in der Entstehung der vollständigen
Seele. Wenn die Vereinigung von Eindruck und Kraft stark
genug ist, so entsteht Selbstbewusstsein. Ein zweiter Vorgang
geht dabei unauflöslich weiter, nämlich die Bildung neuer
Kräfte, hauptsächlich während des Schlafes. Eine einmal gebildete Kraft existirt immer weiter. Durch ihre Zähigkeit hält
sie sich als eine Spur im Bewusstsein. Sie kann durch be-
wegliche Elemente oder auch durch neu gebildete Kräfte ins
Gedächtniss zurückgerufen werden.

Das Ergebniss Beneke's wäre also dieses: Er verwirft
die Einheit der Seele und setzt an Stelle einer beschränkten
Zahl ruhender Kräfte, wie es dem überlieferten Schema ent-
spräche, eine unzählige Menge von immer neu in Kraft tretendem
Urvermögen.

Versuchen wir schliesslich, diese verschiedenen Arten der
Bestreitung der Vermögentheorie im einzelnen zu vergleichen.

B. Brown und Herbart.

Die Vermögentheorie trennte behufs der Bildung ihrer Gattungsbegriffe so scharf wie möglich die verschiedenen Arten seelischer Bethätigung. Hiergegen wendet sich Brown und Herbart mit gleicher Energie.

Brown behandelt den Gegenstand nach derselben Methode, die er in seinem Studium der Causalität anwandte. Er beschränkt sich auf die Analyse beobachteter Folgen von Zuständen, er hält es für ausreichend, die Eintheilung so einfach wie möglich und übersichtlich zu machen, und er folgert, dass die Kräfte ohne diese Zustände kräftelos sind und in der That weiter nichts als Abstractionen, die mit erdichteter Wirklichkeit bekleidet sind.

Herbart erklärt sämmtliche Bethätigungen der Seele als Modificationen einer Grundthätigkeit, die den Zusammenhang ihrer einzelnen Modificationen untereinander selbst controlirt. Brown entwickelt seine Theorie aus der Beobachtung der einzelnen Zustände und ihrer Folgen; Herbart geht von dem Gesichtspunkt aus, dass die Vorstellungen eine organische Einheit bilden.

Brown war freilich auch überzeugt von der Einheit der Seele.

Aber da sie untheilbar ist, so kann sie nach seiner Behauptung nicht in zwei Zuständen zugleich existiren. Deshalb muss das Studium der seelischen Thätigkeit sich auf die Zeitfolge der Zustände beschränken. Die Einheit wird dadurch etwas Abstractes. Er ist nicht gewillt zuzugeben, dass es Theile in der Seele gibt, auf der anderen Seite dagegen erklärt er nicht, wie die einheitliche Seele trotzdem Unterschiede in sich schliesst und vereinigt. Herbart betrachtet die Seele als eine Einheit, nicht nur ohne Theilungen, sondern sogar ohne jeden Unterschied in ihrer eigentlichen Eigenschaft (Lehrb. z. Psych. § 152). Er besteht auf dieser extremen Einheitsform mit aller Emphase. In der Anwendung dieses Grundsatzes aber auf seine Psychologie wird die metaphysische Einheit der Seele eine concrete Macht, welche die Gegensätze der Vorstellungen ausgleicht.

In Betreff der metaphysischen Einheit der Seele ging Brown nicht so weit als Herbart. Die geistige Substanz muss als einfach verstanden werden: aber sie besitzt nur die Möglichkeit, verschiedene Zustände der Reihe nach anzunehmen und die Complexen darunter enthalten nur eine „virtual or seeming coexistence". Er sagt:

„The mind, indeed, it must be allowed, is absolutely simple in all its states; every separate state or affection of it, must, therfore, be absolutely simple; but in certain cases, in which a feeling is the result of other feelings preceding it, it is its very nature to appear to involve the union of those preceding feelings; and to distinguish the separate sensations, or thoughts, or emotions, of which, on reflection, it thus seems to be comprehensive, is to perform an intellectual process, which, though not a real analysis, is an analysis at least relatively to our conception. It may still, indeed, be said with truth, that the different feelings, — the states or affections of mind which we term complex, — are absolutely simple and indivisible, as much as the states or affections of mind which we term simple. Of this there can be no doubt. But the complexity with which we are concerned is not absolute but relative, — a seeming complexity, which is involved in the very feeling of relation of every sort" (Lecture X).

Eigentlich schliesst also dennoch die metaphysische Lehre von der Einfachheit der Seele eine coexistirende Varietät in der Erfahrung nicht aus. Jene metaphysische Annahme ist Brown offenbar unbequem und stört die Entwickelung seiner experimentirenden Methode. Denn sie zwingt ihn zu dem Zugeständniss, dass Mannigfaltigkeiten des Bewusstseins coexistiren können. Vorsichtig fügt er deshalb hinzu, dass die Coexistenz rein „virtual or seeming" ist. Die Folge aber, im Gegentheil, wird trotzdem als Wirklichkeit behauptet. In emphatischer Weise warnt er uns vor dem Fehler.

„of supposing that the most complex states of mind are not truly in their essence as much one and indivisible as those which we term simple" (Lecture XLV).

„The complexity and seeming coexistence" are „relative to our feeling only, not to their own absolute nature."

Mit anderen Worten: Wenn die Seele in einem Zustand ist, den wir als zusammengesetzt bezeichnen, so können wir fühlen, wenn wir nachdenken, dass das einer Reihe von zwei oder mehreren einfachen Zuständen entspricht. Von einem rein psychologischen Standpunkt aus ist jeder dieser einfachen Zustände ein untheilbares Ganzes. Die ganze Seele besteht in jedem dieser Zustände.

Das Gefühl der Coexistenz ist ein seelischer Zustand, während dessen wir uns einer Beziehung auf frühere Zustände bewusst sind. Die einfachen Zustände aber vereinigen sich selbst niemals.

Einer geht dem anderen voraus und nur in Betreff eines Dritten hat man das Gefühl, als ob er den beiden gleiche.

Der Contrast mit Herbart ist sehr scharf. Die Seele ist nach dessen Auffassung an sich ein unveränderliches Etwas, ohne jede Abwechslung weder der Zustände noch Kräfte. Aber die Seele wird mannigfaltig (ein Mannigfaltiges ungleicher Bestimmungen), indem sie äusseren Störungen widersteht. Seelische Phänomene gehen hervor aus der Combination und Interaction gewisser seelischer Zustände, welche sich dem einfachen Seelenwesen aufdrängen. Vorstellungen von entgegengesetzter Eigenschaft schliessen einander vom Bewusstsein aus. Wenn der Fall aber eintritt, so hört damit doch nicht die ausgeschlossene Vorstellung auf, in der Seele zu existiren. Sie bleibt latent in der Seele; sie bleibt sogar thätig; sie strebt darnach, in dem Bewusstsein wieder einen Platz einzunehmen.

In directem Gegensatz zu Brown führt dann Herbart den Begriff „Kräfte" in seine Psychologie ein und er sieht keine Nothwendigkeit, unthätige latente Kräfte zu entfernen. Die Seele selbst ist ein einfaches Etwas, unveränderlich, ohne jegliche Pluralität von Thätigkeiten oder Kräften. Sie wird nicht irgend einem besonderen Act des Denkens, Fühlens oder Wollens gleich gesetzt, da sie von diesen allen unterschieden ist als das gemeinschaftliche Centrum, auf das sie sich alle beziehen.

Und doch ist das Selbst nichts ohne diese Zustände. Es hat allein für sich kein Kennzeichen, wodurch es ausgezeichnet wäre. All die Varietäten seelischer Phänomene, wie sie wirklich existiren, sind schliesslich auf Reactionen der Seele zurückzuführen, durch welche sie äusserlichen Störungen entgegentritt. Diese Widerstandsacte sind die Vorstellungen. Im Conflict untereinander werden alle Vorstellungen zu Kräften. (Lehrbuch z. Psychologie § 10). Der ganze Inhalt der Seele verdankt seinen Ursprung dem Kampf und der Combination dieser Kräfte, welche als Zustände von der Aussenwelt verursacht sind und nichts von dem Wesen innerer Vermögen oder Kräfte an sich haben.

Die Theorie von der ursprünglichen Einheit der Seele und von der Bildung ihres Inhalts durch die fortwährende innerliche Thätigkeit und Combination dieser Kräfte untereinander, die dauernd in der Seele selbst thätig sind, rettete Herbart vor der atomistischen Ansicht der Seele als einer Folge unterschiedener Zustände, zu der Brown durch die Theorie von der Nichtexistenz latenter Kräfte gezwungen war.

Wie erklärt Herbart die fortgesetzte Thätigkeit von Kräften in der Seele?

Da die Seele einheitlich und einfach ist, so ist ihre Reaction gegen äussere Störung ein einzelner Act, der sich nur soweit vervielfacht, als die störenden Bedingungen sich wiederholen. Dass die Seele in mannigfachen Zuständen sich findet, bedarf einer Erklärung, anstatt dass man die einfachen Zustände als die ersten Data annimmt. Brown untersucht, wie vereinzelte Empfindungen und associirte Zustände, durch Suggestion hervorgerufen, eine Seele bilden. Herbart dagegen forscht nach, wie Mannigfaltigkeit in einer ursprünglich einfachen Einheit sich einstellt. Die Seele ist nicht nur einfach, sondern auch unveränderlich. Sie besitzt keine innerliche Neigung von einem Zustand in den anderen überzugehen. Wenn sie daher einmal in einem gegebenen Zustand ist, so scheint kein Grund zu sein, warum, abgesehen von einer äusseren Störung, dieser Zustand aufhören oder sich ändern sollte. Wie kann dann eine Vorstellung, nachdem sie einmal im Bewusstsein sich bethätigt hat, in Unbewusstsein hinabsinken? Die Frage ist nicht: Wie werden seelische Zustände in das Bewusstsein zurückgebracht, nachdem sie verschwunden sind? sondern: Wie können Vorstellungen verschwinden? Die Antwort darauf und die Erklärung der Coexistenz verschiedener seelischer Zustände findet Herbart in dem Streit der Kräfte, der zwischen Vorstellungen eintritt, die sich in ihrer Eigenschaft entgegengesetzt sind. Durch gegenseitigen Widerstand werden Vorstellungen zu Kräften, welche einander bekämpfen oder stützen. So wird die ursprüngliche Einheit des Bewusstseins zu einer Masse von Vorstellungen, die eine Gesammtkraft repräsentiren, welche auf Störungen ihrer Theile reagirt. Dabei kommt es freilich auch zu gegenseitigem Ausschluss dieser Theile. Ein seelischer Zustand wird hinabgeworfen unter die Schwelle des Bewusstseins; aber er wird nicht vernichtet, sondern in einen Trieb umgeformt. Er wird zu einer Thätigkeit, die darnach strebt, wieder eine Vorstellung zu werden, und bleibt Trieb, solange er daran gehindert wird. Es ist klar, dass Herbart kein Vorurtheil gegen die Existenz von Kräften in der Seele hat. Im Gegentheil, jede Vorstellung wird eine Kraft. Was er für unbegründet hielt, war nur die Theorie, dass die Anlagen oder Kräfte der Seele etwas anderes als Abstractionen seien, die aus der Erfahrung gewonnen sind. Die wirkliche Kraft liegt in der Vorstellung. Dagegen giebt es keine Kräfte in der Seele, die Vorstellungen hervorrufen. Die Kräfte sind blosse Namen für passende Gruppen der seelischen Thätigkeit. Kräfte sind blosse Classificationen, die jeglicher Kraft entbehren. Er bezweifelt nicht die Existenz von seelischer Kraft. Er leugnet aber, dass die Seele aus einer Anzahl getrennter Kräfte besteht.

Erst Beneke bringt Herbart's Auffassung von den Vorstellungen als Kräfte zu seinem richtigen Schlusse: Er giebt die Einheit der Seele auf und löst sie auf in eine Sammlung von Impulsen.

Wie ist es aber dann weiter zu erklären, dass gewisse seelische Zustände in der Seele nach bestimmten anderen Zuständen regelmässig eintreten?

Brown unterscheidet, wie gezeigt worden ist, die blosse Folge seelischer Zustände von der scheinbaren Coexistenz in einem einzelnen Zustand. Eine blosse Folge mag bedingt sein durch die Organe der Sensation oder durch Suggestion, die ja nach ihm nur ein Ausdruck ist, um diese spontane Gewohnheit der Seele, in gewissen Zuständen zu existiren, nachdem sie vorher in anderen existirt hat, zu bezeichnen.

Bei der einfachen Suggestion ist es durchaus nicht der unmittelbar vorgehende Seelenzustand, welchen der jeweilige Bewusstseinsinhalt suggerirt: bei der relativen Suggestion besteht der Bewusstseinsinhalt in „the mere perception of a relation of some sort" zwischen dem wirklichen Zustand und den verschiedenen vorhergehenden Zuständen.

Herbart ist weit davon entfernt, die Thätigkeit der Vorstellungen untereinander bis zu diesem Grade zu beschränken. Er lehrt eine gegenseitige Beeinflussung der Elemente in dem gleichen Gesammtbewusstsein.

Wenn Brown seine Einwendungen gegen den Gebrauch des Wortes „Bewusstsein" macht, so sieht er darin die Voraussetzung eines früheren Bandes, von dem die Suggestion abhängt, und diese Voraussetzung betrachtet er als grundlos. Er besteht auf der Unerweisbarkeit der Existenz eines Associationsvorgangs, der dem Suggestionsvorgang vorausginge. Er fügt hinzu, dass es nicht zu rechtfertigen ist, von irgend welchen mechanischen Verbindungen zwischen zwei Ideen zu reden. Es giebt nur regelrechte Aufeinanderfolge. Kein Band aber giebt es zwischen denen, die wir sogar im Augenblick der Folge controlliren können, und noch weniger zwischen diesem Moment und dem Moment der Suggestion.

Herbart dagegen betrachtet das mechanische Band zwischen den Vorstellungen als einen integrirenden Bestandtheil seines Systems. Gegensätzliche Vorstellungen halten einander auf; ist die Hemmung theilweise, so verschmilzt der nicht gehemmte Theil. Aehnliche Vorstellungen verschmelzen ohne Widerstand. Verschiedene Vorstellungen verschmelzen nicht, sondern treten in ein Verhältniss untereinander. Die Seele ist also dann nicht eine Reihe voneinander ausschliessenden Zuständen, sondern ein individuelles, fortdauerndes Ganzes, das die aufeinanderfolgenden Beziehungen seiner Theile controllirt. Die Elemente, die sich in irgend einem Zustand verbinden, bleiben als Elemente in allen späteren Zuständen. Sogar wenn eine Vorstellung nicht mehr im Bewusstsein ist, ist sie noch wirksam insofern, als sie andere Vorstellungen vom Bewusstsein ausschliesst. Die Combination von Vorstellungen, wie man sie im Bewusstsein trifft, wirkt zur Zeit der Verbindung und auch fernerhin auf die Masse der Vorstellungen ein. Reproduction im Bewusstsein, das gleichbedeutend mit Brown's Suggestion ist, ist dann nur eine Form der verschiedenen Beziehungen zwischen Vorstellungen, von denen Herbart handelt.

Die Lehre Herbart's, die darauf bestand, dass die Seele ein continuirliches Ganzes ist, das die Beziehungen seiner Theile untereinander nach festen Grundsätzen gegenseitiger Verbindung regelt, führte ihn zu tieferen Fragen, als sie Brown sich vorgesetzt hatte.

Diese Lehre schliesst die Behauptung ein, dass es in der Seele Vorgänge gebe, die dem Bewusstsein sich gar nicht bemerkbar machen. Die Vorstellungen bleiben thätig, sogar wenn ihr Inhalt nicht Gegenstand des Bewusstseins ist. Vorstellungen von verschiedenen Graden der Verdunkelung verknüpfen sich noch untereinander und bleiben doch im unbewussten Zustande.

Brown giebt sich damit zufrieden, festzustellen, dass sich von einem die Reihenfolge seelischer Zustände voraus bedingendem Bande zwischen ihnen im Bewusstsein nichts vorfindet.

Wie erklärt er aber dann, warum eine Reproduction eher stattfindet als die andere? Brown wirft die Frage selbst auf:

„If there be various relations, according to which these trains of thought may succeed each other, — if the sight of a picture, for example, can recall to me the person whom it resembles, the artist who painted it, the friend who presented it to me, the room in which it formerly was hung, the series of portraits of which it then formed a part, and perhaps many circumstances and events that have been actually connected with it, why does it suggest one of these conceptions rather than the others." (Lecture XXXVII).

Daran knüpft sich dann die Entwicklung der secundären Gesetze, die bereits formulirt worden sind.

Diese secundären Gesetze modificiren die Thätigkeit der primären Gesetze in der mannigfaltigsten Weise. Der erste Umstand, der die Wirkung der primären Gesetze ändert, ist die Länge der Zeit, während welcher die suggerirten Vorstellungen andauern. Aber gerade wie die Länge der Zeit im Stande ist, die Suggestion zu afficiren, wird dabei nicht klar genug erklärt. In der That würde es recht schwierig sein, da Brown leugnet, dass es irgend eine Association vor dem Act der Wiedervorstellung giebt. Herbart untersucht diese Eigenthümlichkeit gründlicher. Reproduction ist nicht nur eine Beziehung zwischen voraufgehendem und folgendem seelischen Zustand. Reproduction einer Vorstellung kann vorkommen vermittelst mehrerer anderer Vorstellungen, die sich mit ihr verbunden haben. Das kann in verschiedenen mehr oder weniger klaren Graden stattfinden; je länger aber eine Vorstellung sich an der Schwelle hielt, um so mehr Aussicht hat sie, sich mit anderen Vorstellungen zu verbinden. Diese können ja zahlreich und wirksam sein, und mit ihrer Hülfe kann die Vorstellung ihren alten Platz wieder erobern.

An zweiter Stelle aber sind nach Brown die Theile einer
Reihe fester verbunden, wenn die ursprünglichen Gefühle
lebendiger waren. Das scheint Herbart's Theorie zu entsprechen, wonach die Reproduction einer Vorstellung wahr-
scheinlicher ist im Verhältniss zu ihrer Lebendigkeit zu der
Zeit ihrer Combination mit der Vorstellung, die ihr Wieder-
auftauchen im Bewusstsein veranlasst. (Lehrb. z. Psych. § 90.)
Die von Brown gebotene Erklärung ist jedenfalls durchaus
verschieden von der Herbart's. Nach Brown ist:

„that strong feeling of interest and curiosity which we call attention not
only leads us to dwell longer on the consideration of certain objects,
but also gives more vivacity to the objects on which we dwall, and in
both these ways tends to fix them more strongly in the mind.“

Herbart aber bezieht die Aufmerksamkeit selbst auf den
Vorgang der Apperception, der die Vorstellungen in eine complexe
Masse absorbirt. (Lehrb. z. Psych. § 63.) Es ist das Zusammenwirken von Vorstellungen, das die Aufmerksamkeit verursacht.
So zeigt also die Aufmerksamkeit an, dass die Combination
von Vorstellungen enger und stärker ist und dass die Gegenwart eines Theils der Masse im Bewusstsein darnach strebt,
andere Theile der Masse wieder wachzurufen. Die Lebendigkeit also ist ein Anzeichen der Zahl und Complexität der Verbindungen innerhalb einer Masse von Vorstellungen, indem
jeder der verschiedenen Theile darnach strebt, andere Theile
zu suggeriren.

Ein zweites secundäres Gesetz Brown's constatirt, dass
unsere Vorstellungen um so enger verknüpft sind, je weniger
jedes von ihnen mit anderen Vorstellungen zusammen existirte

„The song which we have heard from but one person can scarcely be
heard again by us without recalling that person to our memory; but
there is obviously less chance of this particular suggestion, if we have
heard the same air and words frequently sung by others.“

Das hat sehr viel Aehnlichkeit mit Herbart's Gesetz
von der Verwebung der Reihen. Reihen von Vorstellungen
werden kürzer, wenn sie den gleichen Anfang, aber verschiedene
Fortsetzungen haben. Jede Vorstellung hat ihren Platz in
mehr denn einer Reihe. Wenn sie in der Wahrnehmung auf-
taucht, verbindet sie sich mit gewissen anderen Elementen,
oder auch mit früheren Vorstellungen im Bewusstsein oder

endlich noch mit anderen, die sie wieder wachruft. Wenn sie also ihren Platz im Bewusstsein wieder erlangt, so wird sie nach allen diesen Reihen streben, die in der Bildung und in der Eigenschaft ihrer Theile verschieden sind, und dadurch wird die Festigkeit ihrer Verbindung mit jedem einzelnen dieser Elemente gelockert werden.

Zu diesen drei secundären Gesetzen fügt Brown, wie wir gesehen haben, mehrere andere hinzu.

Von Herbart's Gesichtspunkt aus können alle diese Umstände auf einen zurückgeführt werden, nämlich auf den controlirenden Einfluss apperceptiver Massen auf den Ideenfluss, die bei verschiedenen Personen zu verschiedenen Zeiten natürlich unterschieden sind. Temporäre Emotion zeigt ganz einfach verschiedene Beziehungen zwischen Theilen einer appercepirenden Gruppe an.

Körperliche Zustände kommen nur soweit in Betracht, als sie Sensationen veranlassen, die sich mit Vorstellungsmassen verbinden und deshalb darnach streben, diese Massen zur Geltung zu bringen und andere zu unterdrücken.

Herbart's Erklärung der Association ist sicherlich weit methodischer als die von Brown. Die secundären Gesetze, die Brown hinzufügt, um zu erklären, was den primären Gesetzen mangelt, sind durchaus nicht systematisch entwickelt, weder unter sich selbst, noch mit den Gesetzen der Sensation und Suggestion. Herbart's Theorie von Hemmung und von Complexion und Verschmelzung bietet eine feste Basis für eine Erklärung der Combination und Reproduction der Vorstellungen. Herbart gründet seine Erklärung der seelischen Vorgänge ständig auf seine Auffassung von der Seele als einem Ganzen, das die Thätigkeit seiner Theile untereinander controlirt. Brown kommt nicht um die Neigung herum, die Seele als eine Reihe von unterschiedenen bewussten Zuständen zu betrachten, verbunden untereinander durch eine gewisse Ordnung in der zeitlichen Folge. Diese Neigung mag auf den Einfluss der englischen Psychologie auf Brown zurückzuführen sein. Er bleibt trotz allem ein Nachfolger von Locke. Die Seele ist immer noch eine Thätigkeit, die unbezielbare Ideen so zurecht rückt, um eine verbundene Erfahrung herzustellen. Die Seele ordnet und scheidet das Material, das durch Sensation und Reflexion dargeboten wird. Von hier aus gelang es Locke nicht, sich von den Kräften frei zu machen. Sensationen veranlassen Ideen, die unverknüpft bleiben. Die Seelenkräfte verstärken und combiniren ihre einzelnen Ideen in Gruppen. So lange einer aufrecht erhält, dass Gruppen von Ideen ohne jegliche Verknüpfung in der Seele bestehen können, so lange vertritt er auch noch die Theorie von den Vermögen. Wenn man von einfachen Empfindungen ausgeht, so geht man mit der Einigung nicht über gewisse Bethätigungen oder Kräfte hinaus, die die einzelnen Bestandtheile in Gruppen vereinigen. Herbart fordert eine einheitliche Bethätigung, ohne welche es keinen Inhalt der Seele und keine Einigung giebt. Brown gelang es nicht ganz, sich von dem überkommenen Einfluss Locke's und seiner Nachfolger frei zu machen. Die Seele bleibt in letzter Linie eine Reihe von untheilbaren und unterschiedenen Einheiten, zu Gruppen vereinigt. Brown konnte sich nicht dazu verstehen, diese classificirten Gruppen so zu behandeln, als ob sie Anlässe wären, die seelische Phänomene verursachten. Er hat sich einer Methode überliefert, die ihm nicht gestattete Ursachen oder Kräfte zu postuliren, die sich nicht sichtbar bethätigen. Herbart aber vermied ganz leicht dieses Dilemma vermittelst der Theorie der einheitlichen Vorstellungsbethätigung und durch die weitere Theorie von den unterhalb des Bewusstseins sich befindenden Elementen.

Er behauptete, dass die seelischen Elemente im Bewusstsein theilweise Selbsterhaltungen des Ganzen seien.

Wenn man seine Aufmerksamkeit auf die bewussten Zustände beschränkt, so erhält man eine unfertige Abstraction, die Materialien sind lediglich Proben anstatt eine fortlaufende Reihe zu sein, welche die ganze Natur der Seele ausdrücken.

Unglückliche Vorurtheile Brown's zwangen ihn, auf jegliche Untersuchung der Seele als einer von particulären Zuständen getrennten Substanz zu verzichten. Alles was er erzielt, ist, dass er die unbefriedigenden Resultate derjenigen nachwies, welche glaubten ihre Untersuchungen zum Ziele geführt zu haben, wenn sie gewisse Klassen seelischer Phänomene auf eine bestimmte Kraft zurückgeführt hatten. Herbart setzt dafür seine Untersuchungen über innere Perception und Combination von Vorstellungen. Brown vereinfacht die Classi-

fication und reducirt die Gruppenzahl auf Sensation und auf
einfache und relative Suggestion. Trotzdem reicht er nicht
hinan an Herbart's Gründlichkeit. Er begnügt sich mit
Analyse und Classification und verzichtet darauf, deren Abstractionen eine reale Existenz neben und vor den Erscheinungen
zuzuschreiben.

Brown und Beneke.

Bei Herbart war die Einheit der Seele ein Bestandtheil
eines ausgearbeiteten und speculativen Systems der Metaphysik.
Aus abstrakter Begriffsarbeit behauptet er die Einfachheit der
Seele in so absoluter Weise, dass er gezwungen war, von ihrer
ursprünglichen Natur alle Varietät und jegliche Differenz aus-
zuschliessen. Deshalb konnte er nicht wie Locke die Seele
als eine combinirende Function auffassen, oder wie Brown
als eine Substanz, die durch eine Reihe von Zuständen hin-
durchgeht. Er sah sich genöthigt, die ursprüngliche, metaphysische Einheit zu ändern, als er sie in seine Psychologie
einführte. Der metaphysische Begriff von der Einheit der
Seele wird in eine combinirende Einheit umgeformt. So weit
sie den Inhalt der Vorstellungen combinirt, ist sie die Einheit
des Bewusstseins. So weit sie aber die innerliche Thätigkeit
der Vorstellungen und ihrer Wirkungen aufeinander controllirt,
ist sie die systematisirende Einheit des psychologischen Mechanismus. Dennoch ist nicht zu zweifeln, dass Herbart's Metaphysik dauernd auf die Behandlung des rein psychologischen
Systems einwirkte. Beneke dagegen behauptet, dass die
psychologische Wechselwirkung als ein concretes System auf-
zufassen ist, welches völlig genügt, um die seelischen Vorgänge
zu erklären, ohne irgend welche Beziehung zu einem metaphysischen Seelenbegriff. Er stimmt mit Brown überein, so
weit als er die Psychologie nur auf Erfahrung begründen will,
völlig unabhängig von metaphysischen Voraussetzungen. Er
unterscheidet sich aber von Brown in seinem Begriff von der
Aufgabe der Psychologie. Er ist durchaus nicht zufrieden mit
der Zerstörung oder besser Vereinfachung der Vermögentheorie.
Er meint sogar, dass eine Vermögentheorie sehr annehmbar
ist, wenn man nur nicht die Functionen des Psychologen auf
die Analyse, Beschreibung und Classification beschränkt. Er

setzt an Stelle der analytischen und classificatorischen Untersuchung seelischer Phänomene eine ihm eigenthümliche Auffassung, die die Seele betrachtet als ein concretes System von
Elementen, die einander beeinflussen. Bald aber war er gezwungen, auf hypothetischem Wege seelische Vorgänge ein-
zuschieben, die der inneren Wahrnehmung entgehen, um dadurch die Vorgänge, welche die Erfahrung direct bietet, in ein
zusammenhängendes Ganze untereinander zu verknüpfen. Auf
der andern Seite war er sicherlich nicht beschwert durch ein
voraus aufgefasstes metaphysisches System. Umgekehrt will er
seine Metaphysik auf Psychologie gründen. Herbart behauptete, dass mit Rücksicht auf die Einheit der Seele es unmöglich wäre für Vorstellungen von entgegengesetzter Eigenschaft.
nebeneinander ohne Störung im Bewusstsein zu existiren,
Dieser Grundsatz giebt seinem ganzen System Einheit. Beneke
aber, der durch Metaphysik unbeeinflusst ist, verwarf diese
Theorie aus rein psychologischen Gründen. Er leugnet, dass
es auch nur einen Schein von Wahrscheinlichkeit gebe zu
zeigen, dass gegensätzliche Vorstellungen einander bekämpfen,
ausgenommen unter speciellen Bedingungen. Herbart's Auffassung von sich bekämpfenden Kräften geht in eine Lehre
vom Wettbewerb über. Beneke behauptet dagegen, dass es
nur eine fortlaufende Neuvertheilung beweglicher Elemente
innerhalb des ganzen Systems seelischer Modificationen, be-
wusster und unbewusster, giebt. Wenn also eine Vorstellung
im Bewusstsein sich erhebt oder in dasselbe neu eintritt, so
ist dies deshalb der Fall, weil es eine vermehrte Quantität
dieser beweglichen Elemente erhält. Umgekehrt aber, das
Sinken im Bewusstsein oder Fallen aus dem Bewusstlein ist,
ausgenommen in speciellen Fällen, verursacht durch das Verschwinden solcher Elemente. Die Richtung, nach der der
Austausch solcher beweglicher Elemente stattfindet, ist bestimmt
1. durch eine allgemeine Neigung zur Vertheilung und 2. durch
die verschiedenen Grade von Vereinigung zwischen den Theilen
des seelischen Systems. Die Neigung zu allgemeiner Vertheilung
ist sehr wichtig als eine negative Bedingung; es giebt eine
Uebertragung von A zu B nur in dem Falle, dass A mehr
übertragbare Kräfte als B besitzt.. An zweiter Stelle aber
werden übertragbare Elemente von einer seelischen Modification

auf andere in grösserer oder geringerer Quantität übertragen,
je nachdem eine grössere oder geringere Intimität der Verbindung zwischen beiden besteht. Diese Verbindung hängt von
der Aehnlichkeit oder Unähnlichkeit ab, oder von der Coëxistenz
im Bewusstsein, oder von beiden. Diese übertragbaren Elemente
übertragen dann wirklich die zusammenhängenden Theile von
der einen auf eine andere Vorstellung. Wenn *A B* reproducirt,
so verliert es einen Theil seiner Bestandtheile, die nun Bestandtheile von *B* werden. Es giebt nur zwei Arten von übertragbaren Elementen: eine, von der die willkürliche Reproduction abhängt, und die andere, von der die unwillkürliche
Reproduction abhängt. Die ursprünglichen Bestandtheile der
Seele, die der Erfahrung vorausgehen, haben dieselbe natürliche Beschaffenheit wie die Elemente, die eine willkürliche
Reproduction veranlassen. Beneke nennt diese ganze Classe
seelischer Phänomene „Kräfte". Sie sind ganz und gar verschieden von den Kräften der Vermögenpsychologie. Die Seele
besteht aus vielen Millionen dieser innerlichen Kräfte oder
Anlagen, die ausserdem noch in der grössten Mannigfaltigkeit
combinirt oder verschmolzen werden können. (Neue Psych.
p. 33.) Sie sind an und für sich nur blinde Strebungen (Neue
Psych. p. 105), die einen Platz im Bewusstsein nur gewinnen
vermöge der Aneignung anderer Bestandtheile von verschiedener Natur. Diese anderen Bestandtheile werden Reize genannt. Sie kommen von ausserhalb der Seele und werden
durch die Vermögen in dem Sensationsprocess angeeignet.
Wenn Reize so durch Kräfte angeeignet werden, so bleiben
sie dauernd in dem seelischen System. Die Verbindung dieser
Reize mit den Kräften kann jedoch unter Umständen auch
nicht dauernd sein. Wenn sie dauernd von Kräften angeeignet
werden, so sind sie nicht mehr übertragbar, sondern fixirt.
Werden sie nicht dauernd angeeignet, so können sie von der
bestehenden Verbindung losgelöst und in neue eingefügt
werden. Dann werden sie übertragbar und werden beständig
innerhalb des Sinnensystems von neuem vertheilt. Unwillkürliche Reproduction tritt ein vermittelst dieser freien Reize.
Willkürliche Reproduction findet statt durch die Urvermögen,
die nicht von aussen bewirkt, sondern dauernd innerhalb des
Seelensystems erzeugt werden.

Diese Lehre von den beweglichen Elementen giebt Beneke's System seinen schärfsten Gegensatz gegen das von Brown.

In seiner Jugend war Beneke ein sehr eifriger Schüler der englischen Philosophie (Neue Psych. S. 81). Und er erkannte in ihr immer einen Geist, der dem seinen verwandt war. Besonders fühlte er sich zu Brown hingezogen und schrieb eine sympathische Beurtheilung über dessen Psychologie (S. 320 ff.). Im allgemeinen stimmte er mit Brown überein, dass Psychologie nicht von einem anderen Zweig der Philosophie abhängen sollte und dass sie die naturwissenschaftlichen Gesetze benützen sollte. Er war ganz einverstanden mit Brown's Angriff auf die Vermögentheorie der schottischen Schule. Aber er beklagt es, dass Brown nicht tief genug ging und dass er da Halt machte, wo die eigentliche Untersuchung beginnen sollte. Er mildert diesen Tadel, indem er feststellt, dass Brown im Alter von 43 Jahren starb und dass er sich mit Versemachen beschäftigte, was seiner Philosophie nicht sehr förderlich war. Die Oberflächlichkeit von Brown's constructiver Arbeit trat augenscheinlich in seiner Lehre von der Suggestion hervor. Sein Begriff von Suggestion ist nicht klar und scharf. Verschiedene Begriffe sind darin vereinigt, als ob sie einander ähnlich oder gar gleich wären. Suggestion ist eine Mischung von Auffassung innerlichen Beharrens, von innerlicher Verknüpfung, von der durch beides veranlasster Reproduction, von der Aehnlichkeit des vorgestellten Inhalts und von anderen Beziehungen. Das ist veranlasst durch Brown's Vorurtheil betreffs der absoluten Einfachheit der Seele in jeglichem Zustand. Zwei Zustände können sehr wohl im Bewusstsein coëxistiren. Es giebt keinen verbindenden Vorgang zwischen der originellen Perception und der darauffolgenden Suggestion. Hier ist der Punkt, wo Beneke von Brown sich trennt. Die Seele ist nach Beneke gebaut auf den Grund dauernder Existenz von Zuständen und auf ihren Combinationen mit späteren Entwickelungen. Ohne dies ist die Bildung der Seele unmöglich.

Beneke's Theorie der übertragbaren Elemente will sein Ersatz sein für Brown's Suggestionstheorie und für Herbart's Theorie von dem Kampf der Vorstellungen. Diese übertragbaren Elemente sind die verbindenden Vorgänge zwischen Zuständen und Gruppen von Zuständen innerhalb der Seele und sie sind die Ursachen der Reproduction. Sie unterstützen die Strebungen der Urvermögen, dass sie ins Bewusstsein aufsteigen. Sie sind durchaus nicht blosse Sequenzen, sondern jede ist eine Kraft. Von diesen drei Theorien Brown's, Herbart's und Beneke's ist Beneke ohne Zweifel am meisten in Uebereinstimmung mit vielen Psychologen der folgenden Zeit. Wenn wir absehen von der Terminologie, so bietet sie sehr viel Aehnlichkeit mit der Aufmerksamkeitstheorie [1]) von Dr. Ward in seinem Artikel über Psychologie in der Encyclopedia Brittanica. Manche von Beneke's Hypothesen sind ohne Zweifel nicht haltbar. Aber die allgemeine Auffassung von der Thätigkeit des psychologischen Mechanismus, durch den Vorstellungen verschwinden und wieder auftauchen, oder an Deutlichkeit einbüssen und wieder gewinnen, scheint einen festen Boden unter sich zu haben. Die Details der Theorie von den übertragbaren Elementen sind künstlich und unbefriedigend. Aber der allgemeine Grundsatz, dass das Auftauchen einer Vorstellung so verbunden ist mit den Sinken von anderen und umgekehrt, sodass der Vorgang beschrieben werden kann als eine Uebertragung eines Etwas von der Vorstellung, die an Deutlichkeit verliert, auf die, welche gewinnt, bleibt wahr. Man kann dieses „Etwas“ anders nennen, wie z. B. Aufmerksamkeit, oder es mit einem anderen passenden Namen bezeichnen. Aber man kann es nicht mit Beneke als ein dauerndes Element des vorgestellten Inhalts betrachten. Nichts wird übertragen von einem vorgestellten Inhalt auf den anderen. Eine Vorstellung wird mehr oder weniger deutlich, je nachdem mehr oder weniger qualitative Einzelheiten in ihr unterschieden werden. Qualitative Einzelheiten der einen Vorstellung werden zwar nicht auf eine andere übertragen, wenn die letztere klarer wird, infolgedessen dass die frühere sich verdunkelt. Wenn man dagegen von dem Vorstellungsinhalt absieht und auf die Verbindungen eines seelischen Vorgangs nur in quantitativer

---

1) Cf. Stumpf: Tonpsychologie, II, 33; II, 222; II, 289. — Theodor Lipps: Grundthatsachen des Seelenlebens, S. 156—160.

Hinsicht aufmerksam ist, dann scheint es uns noch möglich zur
Erklärung der Thatsachen irgend etwas Uebertragbares anzu-
nehmen, das beständig innerhalb des Seelensystems in neuer
Vertheilung begriffen ist. Von diesem Gesichtspunkt aus muss
Beneke's Theorie den beiden anderen vorgezogen werden und
hat noch heute Geltung.

VITA.

Natus sum Jacobus Haughton Woods Bostoniae die V. kal. Dec. anni MDCCCLXIV patre Josepho Wheeler matre Carolina Francesca e gente Fitz quorum adhuc superstitum amore fruor et consilio. Fidei addictus sum evangelicae. Ineunte anno MDCCCLXXIV in gymnasium civicum patrium quod in America veterrimum est receptus per novem annos instructus sum. Non possum reticere quantam gratiam habeam cum praeceptoribus omnibus tum ei qui postremus me docuit humanissimo viro: Fiske.

Dimissus cum testimonio maturitatis universitatem Harvardiensem petivi ut studiis philosophicis et historicis operam darem.

Docuerunt me illustrissimi viri: Palmer, James, Royce, Emerton, Goodwin, Norton. Alumnus ad gradum baccalaurei magna cum laude in artibus admissus in academia theologiae Cantabrigiense biennium moratus sum. Fama scholarum Germanicarum allectus Berolinum me contuli. Scholis interfui per tria semestria virorum ornatissimorum Paulsen, Ebbinghaus, Döring, Lasson, Harnack.

Revocatus in Americam officiis adjutoris in historia in universitate Harvardiensi biennium functus sum. Berolinum reversus per duo semestria audivi viros ornatissimos: Paulsen, Schumann, Harnack, Scheffer-Boichorst, Hirschfeld. Argentorati studiis meis praestiterunt viri clarissimi: Windelband, Ziegler, Michaelis, Lucius, Anrich. In exercitationes epigraphicas Dessau in seminarium Harnack, Hirschfeld, Paulsen, Windelband liberalissime me receperunt.

His omnibus gratias ago quam maximas.